MANUEL

DE

L'INSPECTION DES ANIMAUX

ET DES

Viandes de Boucherie

PAR

V. GALTIER

Professeur de Pathologie des Maladies contagieuses, Police sanitaire
Législation commerciale, Médecine légale, Inspection
des Viandes de Boucherie,
à l'École nationale Vétérinaire de Lyon.

LYON

IMPRIMERIE L. BOURGEON
Rue St-Paul, 36-38

LIBRAIRIE J.-P. MÉGRET
58, quai de l'Hôpital.

1885

MANUEL DE L'INSPECTION DES ANIMAUX
ET DES VIANDES DE BOUCHERIE

OUVRAGES DU MÊME AUTEUR

Traité des Maladies contagieuses et de la Police sanitaire des Animaux domestiques, 1880, un vol. in-8°. Prix. . . . . . **18** fr.

Traité de Jurisprudence commerciale et de Médecine légale vétérinaire, suivi d'un aperçu sur les Devoirs et les Droits des Vétérinaires, 1883, un vol. in-8°. Prix. **10** fr.

Manuel de Police sanitaire, 1883, un vol. in-16. Prix. . . . . **6** fr.

Manuel de l'Inspection des Animaux et des Viandes de boucheries, un vol. in-18. Prix. **6** fr.

De la Garantie des Vices rédhibitoires dans les ventes et échanges d'Animaux domestiques, d'après la loi du 2 août 1884, un vol. in-8°. Prix. . . . . **2** fr.

MANUEL

DE

L'INSPECTION DES ANIMAUX

ET DES

VIANDES DE BOUCHERIE

PAR

V. GALTIER

Licencié en Droit,

Professeur de Police sanitaire et de Jurisprudence commerciale

à l'École nationale vétérinaire de Lyon.

LYON

IMPRIMERIE L. BOURGEON — Rue St-Paul, 36-38.

LIBRAIRIE J.-P. MÉGRET — 58, quai de l'Hôpital.

1885

MANUEL

DE

L'INSPECTION DES ANIMAUX

ET DES

VIANDES DE BOUCHERIE

INTRODUCTION

L'inspection des animaux et des viandes de boucherie fait en quelque sorte partie intégrante de la police sanitaire générale. Elle doit avoir pour but : 1° de rechercher les maladies contagieuses en vue de l'application des mesures propres à prévenir leur propagation ; 2° de sauvegarder la santé de l'homme, qui est exposé à contracter certaines affections graves en manipulant ou en consommant telles ou telles viandes, de rechercher, pour les éliminer de la consommation, les viandes altérées ou malades, insalubres, nuisibles, dangereuses. La mission d'inspecter les animaux et les viandes de boucherie, en vue d'atteindre ce double but, ne peut être bien remplie que par les vétérinaires, qui possèdent seuls les connaissances indispensables. En effet, l'inspecteur de la boucherie doit savoir reconnaître et apprécier la nature et la gravité des altérations, qui rendent les viandes dangereuses ou impropres à la consommation; il doit connaître et savoir faire appliquer les dispositions légales et réglementaires, qui édictent des mesures sanitaires ou qui régissent le commerce des animaux de boucherie, dont la saisie à l'abattoir fait naître souvent des litiges entre vendeurs et acheteurs; il doit inspecter les marchés d'approvisionnement et examiner les animaux sur pied au point de vue de leur état sanitaire; le vétérinaire seul est capable de bien faire ce service, qui exige des connaissances spéciales, multiples et précises. Cependant, à défaut d'hommes compétents, on pourra recourir à des bouchers ou charcutiers, qui, en cas de doute ou de contestation, devront réclamer l'intervention d'un vétérinaire.

C'est à l'autorité municipale de chaque commune qu'il appartient d'instituer et de réglementer le service d'inspection des animaux et des viandes de boucherie; les pouvoirs des maires relativement à cette matière sont consacrés et définis par les articles 94, 95, 96, 91, 92, 97, 99, de la loi du 5 avril 1884, sur l'organisation municipale.

Art. 94. — Le Maire prend des arrêtés à l'effet : 1° d'ordonner les mesures locales sur les objets confiés par les lois à sa vigilance et à son autorité ;

. . . .

Art. 95. — Les arrêtés pris par le Maire sont immédiatement adressés au Sous-Préfet, ou, dans l'arrondissement du chef-lieu du département, au Préfet. Le Préfet peut les annuler ou en suspendre l'exécution. Ceux de ces arrêtés, qui portent règlement permanent, ne sont exécutoires qu'un mois après la remise de l'ampliation constatée par les récépissés délivrés par le Sous-Préfet ou le Préfet. Néanmoins en cas d'urgence le Préfet peut autoriser l'exécution immédiate.

Art. 96. — Les arrêtés du Maire ne sont obligatoires qu'après avoir été portés à la connaissance des intéressés par la voie de publications et d'affiches toutes les fois qu'ils contiennent des dispositions générales, et dans les autres cas par voie de notification individuelle.

Art. 91. — Le Maire est chargé, sous la surveillance de l'administration supérieure, de la police municipale, de la police rurale et de l'exécution des actes de l'autorité supérieure qui y sont relatifs.

Art. 92. — Le Maire est chargé, sous l'autorité de l'administration supérieure : 1°... 2°... 3° des fonctions spéciales qui lui sont attribuées par les lois.

Art. 97. — La police municipale a pour objet d'assurer le bon ordre, la sûreté et la salubrité publiques. Elle comprend notamment : 1°... 2°... 3°... 4°... 5° l'inspection sur la fidélité du débit des denrées, qui se vendent au poids ou à la mesure et sur la salubrité des comestibles exposés en vente. 6° le soin de prévenir par des précautions convenables, et celui de faire cesser par la distribution des secours nécessaires, les accidents et les fléaux calamiteux, tels que les incendies, les inondations, les maladies épidémiques ou contagieuses, les épizooties, en provoquant, s'il y a lieu, l'intervention de l'administration supérieurer. 7°... 8° le soin d'obvier ou de rémédier aux événements fâcheux, qui pourraient être occasionnés par la divagation des animaux malfaisants ou féroces.

Art. 99. — Les pouvoirs, qui appartiennent au Maire en vertu de l'art. 91, ne font pas obstacle au droit du Préfet, de prendre pour toutes les communes du département ou plusieurs d'entr'elles, et dans tous les cas où il n'y aurait pas été pourvu par les autorités municipales, toutes mesures relatives au maintien de la salubrité, de la sureté et de la tranquillité publiques. Ce droit ne pourra être exercé par le Préfet à l'égard d'une seule commune qu'après une mise en demeure au Maire restée sans résultats.

L'autorité municipale doit d'ailleurs, d'après l'article 90 du décret du 22 juin 1882 portant règlement d'administration publique sur la police sanitaire des animaux, préposer un vétérinaire à l'inspection des abattoirs en vue de reconnaître l'existence des affections contagieuses, dont les animaux peuvent être atteints, et de rechercher la provenance des malades; elle doit également, hormis dans un certain nombre de départements exemptés par décret jusqu'en 1887, préposer, d'après l'article 39 de la loi du 21 juillet 1881, un vétérinaire pour inspecter les animaux conduits aux foires et aux marchés, qui se tiennent dans la commune. L'administration supérieure semble de son côté tenir, comme c'est son droit et son devoir, à ce que la loi ne reste pas lettre morte par suite de la négligence ou de l'incurie des maires; on en trouve la preuve dans le passage suivant extrait d'une circulaire, que le ministre de l'agriculture adressait aux préfets le 20 mai 1884, au sujet de la fièvre aphteuse :

« Si la constitution d'un service d'inspection vétérinaire sur les foires et marchés est, au contraire, obligatoire pour les municipalités de votre département, vous voudrez bien vous faire rendre compte, pour chacune des communes où il existe des foires et marchés aux bestiaux, des mesures qui doivent avoir été prises pour constituer ce service. Si dans certaines communes il n'existait pas encore, vous inviteriez les Maires à l'organiser sans aucun délai, et, faute par eux de se conformer à vos ordres, vous procéderiez d'office à sa constitution. Vous voudrez bien aussi vous faire renseigner par tous les moyens d'information possibles sur la manière dont ce service fonctionne et sur l'exactitude des administrations municipales à faire désinfecter après la tenue de chaque marché les lieux où les animaux ont stationné. »

Les maires doivent donc organiser un service d'inspection sanitaire pour leurs communes respectives ; ils doivent charger, aux frais des communes, un vétérinaire d'inspecter, au point de vue de la recherche des maladies contagieuses, les animaux amenés sur les foires, sur les marchés et dans les abattoirs ; ils ont d'un autre côté le droit et le devoir de s'assurer de la salubrité des comestibles exposés en vente, ils peuvent donc et ils doivent faire inspecter les viandes destinées à la consommation de l'homme. Ils peuvent organiser un seul et même service, qui sera chargé de l'inspection sanitaire des foires, marchés et abattoirs et de l'examen des viandes, ou établir séparément une inspection des foires et marchés, d'une part, et une inspection des viandes, de l'abattoir et de son marché d'approvisionnement, d'autre part. Mais, dans les villes d'une importance moyenne, ainsi que dans les localités peu importantes, le mieux sera de confier, comme l'a fait dernièrement la municipalité de la ville de Troyes, au même vétérinaire la double mission d'inspecter les viandes, les foires et les marchés. Les animaux destinés à la boucherie devront autant que possible être inspectés avant et après l'abatage, surtout au moment de l'ouverture du cadavre.

Le rôle du vétérinaire chargé d'inspecter les foires et les marchés est nettement défini par la loi et les règlements sanitaires ; tandis que celui du vétérinaire inspecteur des viandes de boucherie est tracé dans les arrêtés ou règlements municipaux. La nomination du ou des membres du service d'inspection des viandes appartient à l'administrateur chargé de la police municipale, au préfet de police à Paris, aux maires dans tout le reste de la France. Les titulaires sont choisis par le maire ou désignés à son approbation d'après les épreuves d'un concours ouvert à cette fin, comme cela a été déjà pratiqué dans plusieurs villes. Suivant l'importance des foires, marchés et abattoirs, le vétérinaire inspecteur nommé par l'administration fonctionnera seul ou sera assisté de vétérinaires sous-inspecteurs et quelquefois même d'employés subalternes, anciens bouchers ou charcutiers, agissant sous sa direction et chargés de la partie du service, qui n'exige pas ou qui exige le moins pour sa bonne exécution les connaissances spéciales du vétérinaire. Les inspecteurs des animaux et des viandes de boucherie s'inspireront toujours de la lettre et de l'esprit des arrêtés, que l'autorité municipale aura faits pour réglementer le service et son mode d'exécution. Afin de ne laisser aucune place à l'arbitraire, et en vue d'éviter des récriminations de la part des intéressés, bouchers et consommateurs, le vétérinaire inspecteur devra proposer et l'autorité devra arrêter une réglementation complète et minutieuse, dans laquelle seront fixés d'une manière précise et claire les principes et les règles à suivre dans l'inspection du marché d'approvisionnement et des animaux sur pied, des abattoirs, des tueries, des boucheries, charcuteries, triperies, étaux, et dans l'examen des viandes préparées à l'abattoir ainsi que de celles qui sont introduites du dehors. Les maladies et les altérations propres à motiver la saisie totale ou partielle seront indiquées. Dès lors les décisions du vétérinaire inspecteur s'imposeront, quand il aura agi en conformité des règlements; et les intéressés n'auront à se plaindre contre lui qu'autant qu'ils pourront établir qu'il s'en est écarté.

Il est d'ailleurs de toute évidence que les bouchers, charcutiers, commissionnaires, etc., ont le droit de protester contre la saisie et de demander une expertise judiciaire, s'ils croient que l'inspecteur s'est trompé ou montré trop sévère. Ils ont même le droit d'attaquer devant la juridiction administrative les dispositions réglementaires, qui leur sembleraient constituer de la part du maire un excès ou un abus de pouvoir. Des protestations surgiront, comme par le passé, plus d'une fois même mal à propos; il faut s'y attendre, surtout pour certaines maladies, dont la gravité est encore appréciée diversement par les hommes compétents. Aussi est-il désirable de voir établir le plus tôt possible l'uniformité de réglementation sur cette matière, à propos de laquelle il existe actuellement des différences profondes suivant les villes qui ont organisé l'inspection de la boucherie. C'est du reste le vœu que formulait récemment le Congrès vétérinaire de Besançon en demandant qu'une liste des maladies et des altérations des viandes, donnant lieu à la saisie, fut dressée par le comité consultatif des épizooties et communiquée aux municipalités qui ont des services d'inspection.

Les arrêtés administratifs portant règlement général sur l'inspection des viandes de boucherie sont obligatoires, quand les conditions exigées par la loi ont été remplies, sous peine de 1 à 5 fr, d'amende (article 471-15° cod. pén.). D'ailleurs la loi du 27 mars 1851, dans ses articles 1, 2, 3, 4, 5, édicte des dispositions plus rigoureuses : d'après cette loi la peine de l'emprisonnement (3 mois à 1 an) et de l'amende est encourue par ceux qui falsifient des substances ou denrées alimentaires destinées à être vendues, par ceux qui vendent ou mettent en vente des substances ou denrées alimentaires qu'ils savent être falsifiées ou corrompues; de plus, si la marchandise contient des mixtions nuisibles à la santé, l'amende sera de 50 à 500 fr., et l'emprisonnement de 3 mois à 2 ans, alors même que la falsification nuisible serait connue de l'acheteur ou consommateur; sont passibles d'une amende de 16 à 25 fr. et d'un emprisonnement de 6 à 10 jours ou de l'une des peines seulement, suivant les circonstances, ceux qui, sans motifs légitimes, ont dans leurs magasins, boutiques ou ateliers ou maisons de commerce, ou dans les halles, foires et marchés..... des substances alimentaires qu'ils savent être falsifiées ou corrompues, et si la substance falsifiée est nuisible à la santé l'amende peut être élevée à 50 fr. et la prison à 15 jours; lorsque le prévenu aura déjà été condamné dans les 5 années précédentes pour un délit analogue, la peine pourra être élevée au double de son maximum, sans préjudice de l'application, s'il y a lieu, des règles de la récidive en général; les substances ou denrées falsifiées ou corrompues sont confisquées et détruites, si elles sont impropres ou nuisibles; s'il y a des circonstances atténuantes (art. 463 cod. pén.), les tribunaux correctionnels peuvent, même en cas de récidive, n'appliquer qu'une peine, substituer l'amende à la prison, et descendre au-dessous de 16 fr. d'amende ou de 6 jours de prison.

Du reste, le mot « corrompue » doit être entendu dans son sens le plus large; il n'est pas nécessaire que la corruption aille jusqu'à la putréfaction ; doivent être considérées comme corrompues les viandes altérées par un trop long séjour à l'étal du marchand, celles provenant d'animaux morts de maladie ou sacrifiés dans le cours d'une affection (morve, charbon, etc.), qui les rend impropres (loi sanitaire) à la consommation. Cependant, la vente ou la mise en vente d'une viande malsaine naturellement (viandes maigres, viandes trop jeunes) ne constitue pas le délit prévu par la loi de 1851, et ne peut être réprimée que par arrêté de l'autorité municipale (art. 471-15° cod. pén.); enfin la vente d'un animal vivant atteint d'une maladie grave devant amener promptement la mort ne constitue pas non plus le délit de mise en vente d'une denrée alimentaire corrompue, alors même que le vendeur savait que cet animal était destiné à la boucherie.

Règlement sur l'Inspection des Viandes de Boucherie de la ville de Lyon.

Article premier. — Le service d'inspection des viandes de boucherie a pour mission de veiller à la salubrité des viandes de boucherie et de charcuterie destinées à la consommation dans la ville de Lyon.

Art. 2. — Le service de cette inspection comporte :

1° La visite des animaux (*taureaux, bœufs, vaches, veaux, moutons, chèvres, chevreaux et porcs*), exposés en vente sur le marché d'approvisionnement de Vaise ;

2° La visite des viandes dans les abattoirs de la Ville ;

3° La visite, avant et après l'abatage, des chevaux destinés à la consommation ;

4° La visite des viandes foraines introduites en ville pour la consommation;

5° La visite des étaux, boutiques, dépôts, entrepôts des bouchers, charcutiers, tripiers et autres industriels établis en ville, qui vendent des viandes de boucherie ou de charcuterie ;

6° La visite des étaux autorisés pour la vente de ces mêmes viandes sur les marchés publics ;

7° La visite des tueries autorisées en ville, et des viandes qui y sont préparées.

. . . .

Art. 6. — Le marché public établi à Vaise pour la vente des animaux de boucherie sur pied sera ouvert les lundi, mardi, jeudi et vendredi de chaque semaine.

L'ouverture aura lieu à dix heures du matin et la fermeture à une heure du soir.

. . . .

Art. 8.— Tous les animaux présentés sur le marché seront visités par un Inspecteur spécialement chargé de ce service.

Art. 9. — Indépendamment des bestiaux exposés sur le marché, les marchands et commissionnaires sont tenus de présenter à l'Inspecteur les cadavres et les viscères des animaux morts ou abattus en gare ou dans les écuries, dont les viandes doivent être livrées à la consommation.

Quant à la destination de ces viandes, l'Inspecteur se conformera aux prescriptions des articles 16, 17 et 18 du présent arrêté.

Art. 10. — Dans le cas où une maladie contagieuse sera constatée sur un ou plusieurs animaux du marché, l'Inspecteur en rendra compte immédiatement à l'Inspecteur principal, qui provoquera d'urgence l'application des mesures spécifiées par la loi du 21 juillet 1881, et par le décret du 22 juin 1882, sur la police sanitaire des animaux.

. . . .

Art. 13. — L'inspection dans les abattoirs ne peut avoir lieu que de jour.

Art. 14. — Aucune viande ne pourra sortir des abattoirs sans avoir été inspectée et estampillée.

Art. 15. — La viande reconnue propre à la consommation sera marquée d'une estampille portant le nom de l'abattoir.

Art. 16. — Toute viande reconnue impropre à la consommation sera saisie et dénaturée au moyen d'essence de térébenthine, d'acide phénique et de charbon de bois pulvérisé.

Chaque saisie sera constatée par un procès-verbal, qui sera dressé en présence de l'intéressé, s'il en fait la demande, pour lui permettre d'obtenir le remboursement des droits d'octroi, et d'exercer tout recours contre son vendeur.

Le propriétaire des viandes saisies pourra, en outre, prendre livraison des viandes et des graisses dénaturées qu'il voudrait utiliser à un usage industriel. A défaut de réclamations lesdites viandes seront livrées à l'équarrisseur.

Art. 17. — Sont considérées comme impropres à la consommation et comme telles doivent être saisies, les viandes présentant les altérations ci-après ; savoir :

SAISIES TOTALES dans le cas de :

Tuberculose généralisée, avec lésions sur les viscères et les ganglions de la poitrine et de l'abdomen, et quel que soit l'état d'engraissement de l'animal ;

Maigreur et tuberculose associées, quel que soit le dégré de l'une et de l'autre ;

Ladrerie (dans le cas où il n'existerait que dix à vingt grains, la viande pourra être consommée après salaison) ;

Peste bovine ;

Morve ;

Farcin ;

Charbon essentiel ou symptomatique ;

Rage ;

Mort naturelle ;

Trichinose ;

Carcinose et Mélanose ;

Septicémie ;

Résorption purulente ;

Maigreur extrême ;

Morts-nés.

SAISIES PARTIELLES dans le cas de :

Lésions aiguës, chroniques et parasitaires des viscères et des séreuses ;

Traumatisme (ecchymoses, plaies, abcès, viandes dites cassées, sans fièvre générale), viandes fiévreuses, saigneuses, surmenées ;

Rouget (avec faculté laissée à l'inspecteur de saisir le tout, la partie ou rien suivant le cas) ;

Viandes corrompues, y compris le saucisson rance ;

Crapaud et eaux aux jambes pour le cheval.

Art. 18. — Si le propriétaire de l'animal s'oppose à la saisie, l'Inspecteur en réfèrera immédiatement à l'Inspecteur principal, qui statuera définitivement, sauf recours par l'intéressé à l'expertise judiciaire.

Dans ce dernier cas, l'Inspecteur principal prélèvera des échantillons sur les viscères et les viandes de l'animal saisi et les déposera, en présence de l'intéressé, dans un flacon rempli d'un liquide préparé, afin de pouvoir soumettre ultérieurement ces pièces à un examen histologique. Le flacon sera scellé immédiatement, et la signature du propriétaire de l'animal et de l'Inspecteur seront apposées sur le couvercle. La saisie sera, en outre, inscrite sur un registre spécial déposé au bureau central de l'Inspection.

Art. 19. — Nul ne peut introduire des viandes foraines dans la ville de Lyon s'il n'est muni, à cet effet, d'une autorisation délivrée par l'Administration municipale.

Art. 20. — Cette autorisation est personnelle ; elle ne peut être ni prêtée ni cédée sous peine de retrait immédiat. Le titulaire est tenu de la présenter à chaque entrée de viande en ville, lui ou ses ayants droit, aux employés de l'octroi ou du service de l'inspection des viandes.

Elle peut être délivrée en plusieurs expéditions.

Art. 21. — Sont considérées comme viandes foraines et soumises aux dispositions du présent arrêté, les viandes de provenance extérieure dont l'énumération suit :

Les viandes mortes de taureau, bœuf, vache, veau, mouton, agneau, chèvre et chevreau ;

La viande morte de porc et les préparations de charcuterie, à l'exception du sang, des boyaux et des graisses ;

Les abats, issues et débris utilisés par la triperie ;

Les viandes de conserve et les extraits de viande de toute nature.

ART. 22. — L'introduction des viandes foraines est autorisée par toutes les barrières de perception de l'octroi.

Toutefois, l'introduction pour la consommation de la viande de tout cheval qui n'aura pas été abattu à l'abattoir commun de Corne-dé-Cerf continue à être interdite ; la viande provenant de cet abattoir ne peut entrer que par la barrière du cours Lafayette et sur la production d'un bulletin de l'Inspection.

. . . .

ART. 24. — L'inspection des viandes foraines doit avoir lieu le jour ou le lendemain de l'entrée à Lyon.

Elle peut se faire, au gré des introducteurs, soit dans les abattoirs à toute heure du jour, soit à l'Hôtel municipal pendant les heures de bureau, soit à la halle des Cordeliers, le matin, de l'ouverture des barrières de l'octroi jusqu'à 10 heures.

ART. 25. — Les viandes fraiches ne doivent être introduites et transportées en ville qu'enveloppées dans du linge blanc et dans des conditions absolues de propreté.

ART. 26. — Par dérogation aux dispositions de l'art. 24, les salaisons, extraits et conserves de viandes, et en général toutes les viandes foraines contenues dans des tonneaux ou des caisses fermées et arrivant en gare de Vaise ou de la Mouche, pourront être vérifiées sur place, tous les matins, pendant 2 heures, à partir de l'ouverture des barrières d'octroi.

A défaut de cette inspection sur place, lesdites viandes devront être présentées à l'inspection dans les conditions et aux bureaux d'inspection indiqués à l'art. 24 du présent arrêté.

ART. 27. — Les dispositions de l'art. 26 ne s'appliquent pas aux viandes salées ou de conserve destinées à l'approvisionnement des troupes de la garnison ; ces viandes ne sont pas soumises à l'inspection.

ART. 28. — Toute viande foraine reconnue impropre à la consommation est saisie, dénaturée, et, si le propriétaire ne la réclame pas pour en faire un usage industriel, livrée à ses frais à l'équarrisseur de la Ville.

ART. 29. — Si le détenteur de la viande s'oppose à la saisie, il sera procédé ainsi qu'il est expliqué à l'art. 18.

Art. 30. — Chaque saisie sera constatée par un certificat et mentionnée sur la quittance ou le passe-debout, afin de permettre le remboursement des droits d'octroi.

La saisie sera, en outre, attestée par un procès-verbal, si la demande en est faite par l'intéressé.

Art. 31. — Les dispositions qui précèdent ne sont applicables qu'aux viandes foraines destinées à être veudues pour la consommation.

Les particuliers, qui introduisent des viandes pour leur usage personnel, peuvent, jusqu'à concurrence de10 kilog., les faire rentrer à toute heure et sans aucune formalité.

Au-dessus de 10 kilog., les viandes destinées à la consommation personnelle ne peuvent être introduites sans une autorisation qui est délivrée par le service de l'Inspection, sur le vu d'un certificat de la Mairie attestant que l'intéressé ne se livre pas au commerce des viandes.

Art. 32. — Toute introduction en ville de viandes foraines faites dans d'autres conditions que celles ci-dessus indiquées ; toute soustraction de ces viandes à l'examen du service ; tout retard non justifié entre leur arrivée à Lyon et leur présentation à l'Inspection et toutes autres infractions au présent arrêté seront constatées par des procès-verbaux et poursuivies conformément aux lois ; sans préjudice du retrait, par mesure administrative, de la permission pour introduction.

. . . .

Art. 35. — Nul ne peut faire le commerce des viandes de boucherie et de charcuterie sans en avoir préalablement fait la déclaration.

Art. 36. — Aucun étal, boutique, dépôt ou entrepôt de viandes ne pourra être installé sans déclaration préalable.

Ces établissements pourront toujours être fermés pour défaut d'hygiène.

Art. 37. — Il est interdit de vendre sur les marchés découverts d'autres viandes que la viande de porc, de chèvre, de chevreau et d'agneau de lait.

Art. 38. — Tout boucher ou charcutier, qui voudra débiter sur les marchés découverts des viandes de porc, de chèvre et d'agneau, devra se munir d'une permission délivrée par la Mairie. Cette permission pourra être retirée.

Art. 39. — La mise en vente de la viande de chèvre sera indiquée au public par un écriteau très apparent placé au milieu de l'étal. Cette dernière mesure est applicable à la vente de cette viande en boutique, sur les marchés couverts et découverts.

Art. 40. — Le colportage en quête d'acheteurs de viandes de boucherie et de produits de charcuterie est interdit. Des autorisations pourront néanmoins être accordées pour la vente d'abats et de produits de triperie exclusivement destinés à la nourriture des petits animaux.

Art. 41. — Les agents du service de l'Inspection visiteront fréquemment les étaux et les boutiques, les dépôts, les entrepôts et les tueries des bouchers, charcutiers et tripiers établis en ville.

Ils visiteront aussi les boutiques des épiciers, qui vendent de la charcuterie.

Ils devront, en outre, inspecter journellement les halles et marchés publics.

Art. 42. — Ils s'assureront que la viande de boucherie mise en vente a été inspectée et estampillée, et qu'elle se trouve dans un bon état de conservation. Toute viande, même estampillée, qui ne sera pas dans un parfait état de conservation, sera saisie.

Art. 43. — Les bouchers, charcutiers, etc., ne pourront sous aucun prétexte refuser l'entrée de leurs établissements aux agents du service. Ils ne devront soustraire à l'Inspection aucune des viandes qu'ils détiendront au moment de la visite.

Les agents de l'Inspection pourront exiger toutes les manipulations nécessaires pour un examen de ces viandes, et ils pourront prélever les échantillons nécessaires pour un examen microscopique.

Les mêmes dispositions sont applicables aux viandes foraines et aux animaux visités dans les abattoirs.

Art. 44. — Chaque saisie opérée dans les conditions indiquées par les articles 17 et 42 du présent arrêté donnera lieu à un certificat de saisie qui sera délivré à l'intéressé sur sa demande.

Les viandes saisies seront dénaturées sur place, aux frais du propriétaire, ou conduites à ses frais aux abattoirs de la ville ou à la halle des Cordeliers, où elles seront dénaturées et livrées à l'équarrisseur.

CHAPITRE PREMIER.

Garantie des vices rédhibitoires dans les ventes d'animaux de boucherie.

Le commerce des animaux de boucherie est soumis aux mêmes règles de droit que celui des animaux d'élevage ou de travail ; il n'y a de différences que dans la garantie des vices rédhibitoires, qui n'est pas régie par les mêmes dispositions légales dans les deux cas. Avant la loi du 2 août 1884 la garantie, due par le vendeur à l'acheteur dans les ventes d'animaux de boucherie, était d'une manière générale soumise aux règles contenues dans les articles 1641 et suivants du code civil ; le rapporteur de la loi du 20 mai 1838 devant la Chambre des députés avait dit textuellement dans son rapport, que la nouvelle législation n'était faite que pour régir la garantie des vices rédhibitoires dans les ventes d'animaux non destinés à la boucherie ; la jurisprudence avait à son tour consacré définitivement cette distinction et décidé à plusieurs reprises que les acheteurs bouchers ou charcutiers avaient droit à la garantie du code. Des règlements établissant une garantie exceptionnelle au profit des bouchers de Paris continuaient cependant à avoir force de loi. Tel était l'état de la législation relative à la garantie des vices rédhibitoires avant le 2 août. La loi de 1884, faite dans le même but que celle de 1838, pour prendre sa place et rien que sa place, hormis quelques différences prévues dans son texte, ne s'applique qu'aux animaux d'élevage, de service ou d'exploitation ; cependant elle contient des dispositions qui concernent les animaux de boucherie ; elle abroge les règlements, qui imposaient jadis aux vendeurs une garantie exceptionnelle, pour ne laisser subsister que les règles du code, et elle doit s'appliquer dans une certaine mesure, concurremment avec ces dernières ou à leur exclusion, à la garantie des vices rédhibitoires des animaux vendus pour la boucherie. Elle est applicable quand il s'agit de la ladrerie et lorsque les animaux destinés à la boucherie meurent naturellement avant d'être abattus ; mais, quand il s'agit d'animaux saisis après l'abatage pour cause d'insalubrité de leur viande, les articles 1641 et suivants du Code civil demeurent applicables, comme par le passé, ainsi que la loi du 21 juillet 1881 sur la police sanitaire.

Dans une dissertation publiée par le ***Journal de l'École vétérinaire de Lyon***, j'ai démontré péremptoirement, en m'inspirant des travaux préparatoires de la nouvelle loi, que la garantie édictée et réglementée par les articles 1641 et suivants du Code civil, continuait à être due, comme par le passé, aux bouchers par leurs vendeurs, lorsque les animaux étaient saisis pour cause de lésions antérieures à la vente. Le Tribunal de commerc de Lille, a cependant jugé dernièrement (9 décembre 1884) « que l'article 12 de la loi du 2 août 1884 a déchargé de toute garantie, sauf le cas de dol, les vendeurs d'animaux destinés à la boucherie »; « que le second paragraphe dudit article abroge de plus toutes les dispositions contraires à cette loi ; qu'en cet état de la cause (il s'agissait d'une bête phtisique saisie à l'abattoir) les dispositions de l'article 1641 ne sont pas applicables ». Cette étrange décision, qui déclare supprimée la garantie du Code en matière d'animaux vendus pour la boucherie, a été inspirée par une interprétation inexacte de la loi de 1884. Il y a eu dans le jugement du Tribunal de Lille application erronée du droit; et la Cour de cassation ne peut que casser une pareille décision, qui constitue un déni de justice. Contrairement à la manière de voir des juges de Lille, le Tribunal de commerce de Lyon, le 20 novembre dernier, dans une affaire du même genre, a donné gain de cause au boucher demandeur en garantie, en vertu des articles 1641 et suivants du Code civil, contre son vendeur, qui a été condamné à restituer le prix de la vente et à payer les frais du procès. Cette fois encore il s'agissait d'un animal saisi à l'abattoir pour cause de tuberculose antérieure à la vente et invisible au moment de l'achat. C'est la décision du Tribunal de Lyon, qui établit en cette matière la véritable jurisprudence, et qui fait une exacte application du droit. La loi de 1884 n'a pris que la place de celle de 1838, et de même que cette dernière elle ne régit pas le commerce des animaux de boucherie. Elle n'a pas abrogé les articles 1641 et suivants du Code civil, mais seulement certains règlements spéciaux. Toutes les maladies, qui entraînent la saisie de la viande, et notamment la tuberculose, engagent la responsabilité du vendeur, qui demeure garant toutes les fois qu'il n'en a pas été convenu autrement.

Par les expressions « animaux de boucherie » « animaux destinés à la boucherie », on doit entendre les animaux, de quelque espèce qu'ils soient, qui sont vendus comme viande sur pied, pour être sacrifiés en vue de la consommation immédiate. Il faudra donc, pour savoir s'il y a lieu d'appliquer les règles du code ou celles de la loi de 1884, se baser sur l'intention des parties, c'est-à-dire sur la destination qu'elles ont entendu donner aux animaux. Ainsi, pour les animaux solipèdes, l'immobilité, l'emphysème pulmonaire, le cornage, le tic, les boiteries intermittentes, la fluxion périodique des yeux entraîneront ou non la rédhibition, suivant que la vente aura été faite pour le travail ou pour la boucherie ; ainsi, pour les animaux de l'espèce bovine, la tuberculose sera ou non rédhibitoire, suivant que la vente aura été faite en vue de la boucherie ou pour tout autre destination. L'acheteur ne peut pas changer la destination des animaux, afin de se faire appliquer la loi qui le garantit le mieux dans la circonstance présente ; s'il a acheté un cheval comme viande sur pied, il ne lui est point permis, au cas où il l'emploierait au travail au lieu de le sacrifier, d'invoquer les vices prévus par la loi de 1884 pour faire résilier une vente qui aurait cessé de lui agréer ; l'animal doit être abattu et alors s'il est saisi totalement ou partiellement il y aura lieu d'agir en garantie d'après le droit commun. Celui qui a acheté un animal quelconque pour une destination autre que la boucherie, par exemple une bête bovine pour le travail, la lactation ou l'élevage, ne peut pas invoquer contre son vendeur la garantie du code, quand, l'ayant sacrifié ou l'ayant revendu pour la consommation, la saisie en a été prononcée ; en sorte que celui qui achète pour la lactation une vache tuberculeuse et qui la revend aussitôt pour la boucherie où elle est saisie, est garant vis-à-vis du sous-acquéreur et n'est pas garanti par le vendeur originaire, car la tuberculose a cessé avec la loi de 1884 d'être un vice rédhibitoire dans les ventes d'animaux bovins destinés à l'exploitation ou au travail. Il importe donc beaucoup de savoir reconnaître la destination que les parties ont entendu donner aux animaux vendus. La preuve que telle destination a été donnée aux animaux peut être faite, en cas de contestation, par tous les moyens que la loi admet, même par de simples présomptions tirées de la profession des parties, notamment de celle de l'acheteur, de l'état des animaux, du lieu et des circonstances de la vente. Il pourra arriver que la question soit difficile à résoudre, quand la vente aura eu pour objet des animaux, dont l'état les rendait indifféremment propres à la boucherie ou à tout autre fin, quand elle aura eu lieu sur un champ de foire ou dans un marché autre que le marché d'approvisionnement, quand la profession de l'acheteur sera mixte (commissionnaire achetant pour l'élevage et pour la boucherie) ; en pareils cas le tribunal appréciera en s'inspirant de tout ce qui pourra l'éclairer.

I. — Maladies ou vices rédhibitoires. — Etendue de la garantie.

Sont rédhibitoires toutes les maladies antérieures à la vente, connues ou ignorées du vendeur, non apparentes et inconnues de l'acheteur, graves au point de déprécier considérablement la viande ou de la rendre impropre à la consommation et d'entraîner une saisie totale ou partielle (art. 1641 et 1643 Cod. civ.); les maladies, qui ne réunissent pas toutes ces conditions, ne sont point des vices rédhibitoires. Le vendeur est donc garant des maladies, qui motivent la saisie totale ou partielle de la viande, quand elles sont antérieures à la vente, non apparentes et inconnues de l'acheteur; il est même garant des maladies apparentes, quand l'acheteur n'a pas pu se convaincre de leur existence, soit que les parties aient traité de confiance par correspondance ou autrement et sans être en présence des animaux, soit que lui, vendeur, ait par son dol empêché l'acheteur de les constater (art. 1116 Cod. civ.); mais il n'est pas garant des maladies, qui ne déprécient pas la viande, ni de celles survenues postérieurement à la vente, ni de celles qui étaient apparentes et dont l'acheteur aurait pu constater l'existence, ni des maladies cachées si l'acheteur les a connues, ni des maladies non apparentes et inconnues de l'acheteur quand il a stipulé de ce dernier une décharge de garantie valable (art. 1642, 1643 Cod. civ.). En résumé, pour qu'il y ait vice rédhibitoire, il faut une maladie reconnue telle par la loi (ladrerie) ou une maladie, qui rende la viande impropre à la consommation et en entraîne la saisie totale ou partielle ou diminue l'usage auquel les animaux étaient destinés d'une façon telle que l'acquéreur ne les aurait pas achetés ou ne les aurait payés qu'un moindre prix s'il l'eût connue.

La loi du 2 août 1884 range la ladrerie parmi les vices rédhibitoires ; et ses dispositions, en ce qui concerne cette maladie, sont applicables aux porcs vendus pour la boucherie et à ceux qui ont été vendus pour une autre destination, soit pour l'élevage, soit pour la consommation des particuliers. Antérieurement la ladrerie était rédhibitoire à certaines conditions, pour les porcs vendus en vue de la consommation, mais l'application des règles du Code n'était pas faite d'une manière uniforme par la jurisprudence. Désormais, quand un porc, même reconnu sain au languéyage, sera trouvé ladre avant ou après sa mort, l'acheteur, quel qu'il soit, pourra agir en garantie contre son vendeur, pourvu qu'il ne soit pas intervenu entre les parties une convention contraire dérogeant à la loi ; désormais donc le charcutier, qui achète pour revendre, et le particulier, qui achète pour sa consommation ou pour l'élevage, pourront exercer leur recours contre le vendeur. Ainsi la maladie est rédhibitoire quand elle est non apparente, inconnue de l'acheteur et quand elle entraîne la saisie à l'abattoir ; elle est rédhibitoire toutes les fois qu'elle est invisible au languéyage, toutes les fois que le languéyage a été rendu inutile par l'épinglage ou l'extraction des cysticerques, toutes les fois qu'on n'a pas pu faire opérer le languéyage, alors même que des cysticerques existent au-dessous de la langue, toutes les fois que la vente a été faite de confiance par correspondance ou autrement, toutes les fois que l'acheteur ne s'est pas trouvé en présence des animaux et a ignoré l'existence de la ladrerie ; il en était d'ailleurs ainsi, avant la loi de 1884, d'après le droit commun, quand il s'agissait de porcs vendus pour la boucherie. Si l'acheteur, le pouvant, omet de faire languéyer le porc, et si ensuite l'animal est reconnu ladre et saisi, le vendeur est-il garant ? La loi de 1884 n'impose pas à l'acheteur l'obligation de faire languéyer, d'où il suit que dans l'espèce le vendeur est encore garant, bien que l'acquéreur ait négligé de faire examiner l'animal, bien que l'examen de la bouche eut pu aisément amener à la constatation de la maladie, dont les grains existent en plus ou moins grand nombre sous la langue, et bien que sur le marché on ait l'habitude de faire procéder au languéyage des porcs vendus. Pour que le vendeur soit en pareil cas exonéré de la garantie, il faut ou que l'acheteur ait connu la maladie, ou que, par une clause spéciale de la vente, il ait consenti à ne pas être garanti ; mais encore faut-il, pour que cette clause soit valable, que le vendeur ait ignoré lui-même l'existence de la ladrerie, car, quand il la connait il doit la dévoiler, s'il veut être valablement déchargé de la garantie que la loi lui impose (art. 1643 Cod. civ.). A plus forte raison le vendeur est-il garant, quand il est démontré que le languéyage, s'il eut été pratiqué, n'eut pas abouti à la constatation de la ladrerie, dont les cysticerques peuvent faire assez souvent défaut en dessous de la langue, alors qu'ils existent dans d'autres parties du corps ; il est également garant, quand le languéyeur n'a pas su découvrir les grains de ladre, qui étaient cependant très visibles, car la loi de 1884 n'établit aucune distinction entre les cas où le vice est visible et ceux où il ne l'est pas; il est surtout garant, quand il s'est entendu avec le languéyeur pour induire l'acheteur dans l'erreur (art. 1116 Cod. civ.).

Le vendeur ne sera pas garant, quand il aura stipulé en sa faveur l'exclusion de la garantie pour les porcs languéyés et non reconnus ladres et même pour les porcs non languéyés, pourvu qu'il ait ignoré lui-même l'existence de la maladie; mais il le sera, malgré toute stipulation contraire, quand, connaissant lui-même la maladie, il ne l'aura pas déclarée et surtout quand il se sera entendu avec le languéyeur pour tromper l'acheteur. Il ne sera pas garant, quand l'acheteur aura connu l'existence de la ladrerie, à moins que ce dernier n'ait stipulé la garantie en sa faveur pour le cas où l'animal serait saisi. La décharge de garantie doit être stipulée par le vendeur, et elle doit être stipulée clairement, car tout pacte obscur ou ambigu s'interprête contre lui (art. 1602 Cod. civ.); aussi ne saurait-on admettre, comme conformes à l'esprit et à la lettre de la loi, les décisions prises jadis par certains tribunaux de commerce, qui avaient débouté les charcutiers de leur demande en garantie, quand il s'agissait de porcs, qui, reconnus indemnes au languéyage, étaient ensuite saisis pour cause de ladrerie reconnue à l'autopsie, admettant ainsi, contrairement au commandement de la loi, une présomption en faveur des vendeurs, qu'ils réputaient avoir été exonérés tacitement de leur obligation. Il faut même aller plus loin dans cette voie et décider, contrairement à la solution déjà donnée jadis par le tribunal de commerce de Bordeaux, que l'affichage d'un placard sur les murs du marché, portant que les vendeurs informent les acheteurs qu'ils ne répondent pas des porcs saisis pour cause de ladrerie, alors que le languéyage aura été pratiqué et n'aura pas fait découvrir la maladie, n'équivaut pas à une stipulation de non-garantie comme l'entend l'article 1643; il est nécessaire qu'une stipulation expresse intervienne à propos de chaque vente entre le vendeur et l'acquéreur, qui devra au moins être questionné pour savoir s'il adhère aux conditions portées sur le placard, afin qu'il ne perde pas de vue que, courant de mauvaises chances, il doit donner un prix en conséquence.

Il faut d'ailleurs admettre que, sous la loi de 1884, comme jadis sous l'empire exclusif du Code, la ladrerie n'ouvrira l'action en garantie au profit du charcutier ou du particulier, qui tue pour sa propre consommation, que sous certaines conditions de gravité; ainsi il ne suffira pas que l'autopsie révèle l'existence de quelques rares grêlons ou grains de ladre; il faudra ou que la viande ait été saisie en totalité ou en partie, ou qu'elle se trouve dépréciée au point que l'acquéreur n'aurait pas acheté l'animal ou n'en aurait donné qu'un moindre prix, s'il eut connu la maladie. La loi de 1884 n'exige pas, il est vrai, ces conditions d'une manière formelle; mais les vices rédhibitoires qu'elle admet, sont des maladies, qui toutes déprécient les animaux qui en sont atteints; or la ladrerie, réduite à quelques rares cysticerques, n'entrainant pas la saisie dans les abattoirs, de quoi le charcutier se plaindrait-il en réalité; et l'acheteur, qui tue pour sa consommation, peut-il d'avantage se plaindre, quand le porc ne présente qu'un très petit nombre de grains qu'il est facile d'enlever. En général, quand il s'agit d'animaux vendus pour la consommation, une maladie n'est rédhibitoire qu'autant qu'elle rend la viande totalement ou partiellement impropre, ou qu'autant qu'elle la déprécie d'une manière évidente.

En décidant que la ladrerie serait désormais un vice rédhibitoire, le législateur de 1884 a voulu empêcher pour l'avenir toute hésitation de la part des tribunaux, et il n'a pas été arrêté par la difficulté qu'il peut y avoir parfois de reconnaître l'identité, l'individualité et la provenance du porc, qui souvent est reconnu ladre seulement à l'autopsie, au moment de l'habillage, après avoir passé par l'échaudoir, après que son cuir a été « dépouillé par le grattage de ses soies, de son épiderme et par conséquent des marques dont il pouvait porter l'empreinte ». Et voici ce que l'exposé des motifs répond à ce sujet : « Ces raisons ne sont pas décisives; elles ne s'appliquent pas à la consommation des ménages ruraux, ni même à celle des petites villes. Là les porcs sont achetés un à un, souvent un seul suffit à l'approvisionnement de la maison pour toute l'année; les acquisitions sont faites entre personnes qui se connaissent en présence de leurs voisins; l'identité de l'animal ne pourra presque jamais être contestée, et dans tous les cas la provenance serait facilement établie . . . .

« Et même dans les grandes villes, même dans l'abattoir de Paris, cette action peut être encore d'une grande efficacité. . . . .
On trouvera sans trop de peine le moyen d'établir des marques permanentes sur l'ongle, à l'oreille, ou au groin des animaux. Et même avant que ces marques durables soient employées, un examen attentif et facile de l'animal mort, examen auquel il serait procédé avant l'échaudage, suffira fréquement pour faire reconnaître les traces de la maladie, lors même que les vésicules auraient été râclées... »
Toutefois l'article 4 de la loi de 1884 décide malencontreusement qu'il n'y aura pas lieu à garantie quand le prix de la vente ne dépassera pas 100 fr. De la sorte, beaucoup d'acheteurs se trouveront sans aucun droit de recours en ce qui concerne la ladrerie, car il y a beaucoup de porcs qui ne se vendent pas 100 fr. Il ne leur restera qu'à maudire cette limitation, que le Code n'admettait pas, qui d'ailleurs ne s'applique pas aux autres vices rédhibitoires en matière de ventes pour la boucherie, et qui n'aurait pas dû être étendue aux espèces animales telles que l'espèce porcine, dont les individus restent souvent en dessous de la valeur de 100 fr. Néanmoins les acheteurs demeurent libres de stipuler de leurs vendeurs une garantie plus complète; et ils sont garantis dans tous les cas par le droit commun, quand ils ont été victimes du dol du vendeur, quel que soit le prix de la vente. Enfin l'exercice de l'action en garantie pour la ladrerie est soumise aux diverses règles touchant les délais et les formes de procédure, qui sont contenues dans les

articles 3, 5, 6, 7, 8, 9 de la loi de 1884, tandis qu'aux autres vices on appliquera celles du droit commun. La détermination des autres vices rédhibitoires est subordonnée à la solution de la question suivante : *Quand la viande est-elle impropre à la consommation, c'est-à-dire inutilisable en totalité ou en partie, quand est-elle suffisamment dépréciée ou diminuée de valeur* ? et la solution de cette question nous est donnée par l'article 10 de la loi du 2 août 1884, par les articles 1, 3, 5, 13, 14, 15 de la loi du 21 juillet 1881, par la loi du 27 mars 1851, par les règlements spéciaux et les arrêtés de l'autorité administrative sur l'inspection de la boucherie et par les usages locaux.

Avant la loi de 1884 étaient rédhibitoires, d'après l'article 1647 du Code civil, toutes les maladies qui, réunissant d'ailleurs les autres caractères exigés par les articles 1641 et 1643, entraînaient la mort des animaux; la perte était pour le vendeur, quand les animaux périssaient par suite de leur mauvaise qualité. Désormais lorsque des animaux vendus pour la boucherie succomberont naturellement, on n'appliquera plus l'article 1647, mais bien l'article 10 de la loi du 2 août 1884. En 1851, le projet soumis à l'assemblée législative, pour abroger la garantie exceptionnelle imposée aux vendeurs par des règlements spéciaux, contenait la disposition suivante : « La garantie de neuf jours imposée aux vendeurs à l'égard des bœufs amenés sur les marchés de Sceaux et de Passy est supprimée. *Les cas de mort naturelle, après livraison, sont réglés par le droit commun.* » Le rapporteur expliquait dans son rapport « qu'en se référant au droit commun on avait entendu renvoyer à la loi de 1838 et non pas à l'article 1647 du Code civil, dont la disposition plus générale met la perte à la charge du vendeur, si la chose qui avait des vices a péri par suite de sa mauvaise qualité. »

« L'assemblée législative n'eût pas le temps de statuer sur cette disposition. Nous proposons d'y revenir et de la consacrer sous une forme plus simple. Tel est le but de l'article 12, qui déclare abroger tout règlement imposant une garantie exceptionnelle aux vendeurs d'animaux destinés à la boucherie (Exposé des motifs).» Il est donc de toute évidence qu'en abrogeant les règlements qui imposaient une garantie spéciale aux vendeurs, le législateur a voulu leur substituer la loi de 1884 pour les cas qu'ils prévoyaient et non point l'article 1647 du Code civil; le législateur de 1884 a fait ce que se proposait de faire celui de 1851; il a simplement décidé que en cas de mort naturelle survenue avant l'abatage on n'appliquerait désormais que la loi spéciale sur les vices rédhibitoires. Il y a donc deux hypothèses différentes à envisager: celle d'animaux vendus pour la boucherie, qui sont morts naturellement avant d'avoir été sacrifiés, et celle d'animaux, qui, ayant été sacrifiés par le boucher, ont été saisis à l'abattoir. Dans la première il faut appliquer la loi de 1884; tandis que, dans la seconde, il faut appliquer les articles 1641 et suivants du Code civil. Par conséquent si des animaux de l'espèce bovine meurent d'une maladie antérieure à la vente, le boucher sera sans garantie, de même que l'acheteur ordinaire; et les animaux de boucherie quels qu'ils soient, qui, avant d'être utilisés, périront des suites d'une maladie non classée parmi les vices rédhibitoires par la loi de 1884, périront pour le compte de l'acheteur.

D'après la loi sur la police sanitaire, les maladies contagieuses font mettre hors du commerce les animaux qui en sont atteints et qui ne peuvent dès lors être vendus; quand il s'agit de ventes pour une destination autre que la boucherie, la défense de vendre des animaux atteints de maladie contagieuse ne doit pas être trangressée; mais, quand il s'agit de ventes faites pour la boucherie, on doit mettre en application la distinction contenue dans l'article 13 de la loi du 21 juillet 1881. Les animaux atteints de maladies contagieuses, prévues par la loi sanitaire, qui ne rendent pas la viande insalubre, et à propos desquelles les règlements spéciaux n'ordonnent pas la saisie, doivent pouvoir être vendus pour la boucherie, à la condition que les mesures et les précautions exigées par la législation sanitaire en pareille occurence, seront rigoureusement appliquées. Ainsi, d'après ces principes, pourront être valablement vendus pour la boucherie, les animaux simplement suspects de typhus, les bêtes atteintes de péripneumonie légère ou simplement suspectes, les moutons atteints de clavelée bénigne et les animaux atteints de fièvre aphteuse ou de gale, quand la viande ne sera pas considérée par les inspecteurs comme altérée et saisissable d'après les pouvoirs à eux conférés en vertu de règlements ou arrêtés administratifs.

La loi sanitaire ne vise qu'un très petit nombre de maladies contagieuses; elle laisse hors de son énumération, la phtisie, le rouget, la diphtérie, la septicémie, la gourme, le piétin, la cachexie vermineuse, la trichinose, la bronchite vermineuse, etc.; par conséquent les animaux atteints d'une de ces affections ne sont pas mis hors du commerce, ils peuvent être vendus pour la boucherie. Mais le vendeur sera garant toutes les fois que ces maladies réuniront les caractères exigés par les articles 1641, 1642, 1643 du Code civil et motiveront, d'après les règlements spéciaux, la saisie partielle ou totale à l'abattoir. C'est ainsi que la phtisie, le rouget, la diphtérie, la septicémie, la mélanose chez le cheval vendu pour la boucherie, la trichinose constituent des vices rédhibitoires, quand elles se sont trouvées cachées au moment de la vente, et quand elles motivent la saisie à l'abattoir.

A défaut de tout règlement spécial, comme à défaut de toute autre disposition légale à ce sujet, les viandes, provenant d'animaux atteints de certaines maladies, peuvent, en vertu de la loi du 27 mars 1851 (art. 1 et 3), être rejetées de la consommation comme marchandises nuisibles ou simplement altérées. Ainsi, peuvent être rejetées de la consommation les viandes provenant d'animaux phtisiques, ladriques, septicémiques, etc., comme constituant des marchandises altérées et nuisibles, dont la vente est interdite et punie par la loi du 27 mars 1851. Ainsi donc, doivent être considérées comme rédhibitoires, toutes les maladies, contagieuses ou non, qui rendent la viande altérée et nuisible, si d'ailleurs elles ont été cachées au moment de la vente.

Pour entraîner la rédhibition, dans les ventes d'animaux de boucherie, une maladie ne doit pas nécessairement être prévue comme rédhibitoire par l'usage du lieu de la vente ou par un règlement spécial; car la détermination des vices rédhibitoires est impossible d'après les usages locaux (l'art. 1648 du Code ne vise que les délais), qui sont ignorés ou peu précis ou inexistants, et d'après les règlements spéciaux, qui n'existent pas partout et qui, dans les localités où ils existent, ne prévoient pas nominativement toutes les maladies rédhibitoires. Du reste, une énumération exacte des vices rédhibitoires en cette matière est impossible; c'est en tenant compte des diverses dispositions légales que nous venons de voir et de celles contenues dans les règlements spéciaux sur la matière, qu'on arrive à savoir si telle ou telle maladie doit être considérée comme rédhibitoire. Sont donc comprises parmi les vices rédhibitoires, à condition qu'elles réunissent les caractères exigés (antériorité, non visibilité) par les articles 1641 et 1642, les maladies que les usages locaux (s'il y en a) ou les règlements spéciaux (s'il en a été fait) prévoient comme telles, les affections que prévoit le règlement de l'abattoir, et à propos desquelles il ordonne ou autorise l'exclusion de la consommation de la viande des animaux qui en sont atteints. Ainsi les maladies prévues nominativement par les règlements particuliers et les usages locaux donnent lieu à l'action en garantie, de même que celles prévues par les articles 1641, 1642, 1643 du Code civil, comme celles prévues par la loi sanitaire et celles qui, en vertu de la loi du

27 mars 1851, font considérer la viande comme altérée et nuisible.

L'autorité administrative, les municipalités, le préfet de police à Paris peuvent, comme il a été dit précédemment, faire des règlements et prendre des arrêtés pour assurer l'application de la loi, pour établir et régler l'inspection de la boucherie ainsi que le commerce des animaux destinés à l'alimentation, pour interdire la mise en vente et l'utilisation d'animaux atteints de maladies ou défauts autres que ceux prévus par des dispositions légales; ils peuvent même investir d'un quasi plein pouvoir d'appréciation les vétérinaires qu'ils appellent à l'inspection des viandes et leur permettre d'opérer des saisies dans des cas où il n'y a pas à proprement parler maladie, par exemple dans les cas de maigreur ou d'extrême jeunesse des animaux sacrifiés. Toutes les fois qu'une maladie, constatée à l'abattoir, a motivé une saisie totale ou partielle, en vertu d'une disposition expresse d'un règlement de l'autorité administrative ou en vertu du plein pouvoir d'appréciation conféré à l'inspecteur, elle peut être considérée comme rédhibitoire; elle ouvre à l'acquéreur saisi une action contre le vendeur, pourvu qu'elle soit antérieure à la vente et non apparente au moment de la convention. Il résulte de ce qui précède que la maigreur et l'extrême jeunesse, quand elles entraînent la saisie en vertu des dispositions réglementaires, ne constituent que rarement des vices rédhibitoires, attendu qu'elles sont apparentes au moment de la vente; c'est donc à l'acquéreur à s'en convaincre et à prévoir les mauvaises chances. En conséquence, l'acheteur qui se méfiera du plus ou moins de rigueur de l'inspecteur, fera bien, quand il achètera des animaux maigres ou trop jeunes, d'exiger de son vendeur une clause de garantie pour le cas où on les saisirait entre ses mains. D'ailleurs, quand il s'agit d'animaux achetés trop jeunes, l'acquéreur n'a qu'à attendre quelques jours pour que le défaut ait disparu. La maigreur et l'extrême jeunesse ne peuvent donc être considérées comme des vices rédhibitoires qu'autant que l'acheteur, trop confiant, a acheté les animaux sans les voir et tout en croyant pouvoir les livrer à la consommation. Que si cependant à un certain degré de maigreur étaient jointes des lésions de maladie rédhibitoire (phtisie), l'acheteur aurait le droit, si la saisie était motivée par les altérations résultant du vice en question, d'intenter une action en garantie à son vendeur.

Dans les abattoirs, on saisit très souvent des foies, des poumons qui présentent des lésions diverses; quelquefois on saisit deux quartiers et on laisse livrer le reste à la consommation. Y a-t-il vice rédhibitoire, y a-t-il ouverture à l'une des actions indiquées par l'article 1644 du Code, quand la maladie qui a motivé la saisie était antérieure et invisible au moment de la vente? Il faut distinguer, suivant l'importance de la partie saisie, et appliquer l'article 1641, qui veut que le défaut ou vice rende la chose (animal) impropre à l'usage auquel on la destine, ou qu'il diminue tellement cet usage, que l'acheteur ne l'aurait pas acquise, ou n'en aurait donné qu'un moindre prix s'il l'avait connu. Toutes les fois que la saisie portera sur un viscère seulement, sur le foie, sur le poumon, etc., la maladie, quoique cachée au moment de la vente, ne devra pas être considérée comme rédhibitoire ; car si elle eût été connue de l'acheteur, elle ne l'aurait pas empêché, vu le peu de préjudice qu'il en résulte pour lui, d'acheter l'animal pour le prix qu'il l'a payé. Il en sera tout autrement dès que le préjudice, résultant de la saisie, sera tel qu'il eût détourné l'acquéreur d'acheter l'animal pour le prix qu'il en a donné, s'il eût pu le prévoir, c'est-à-dire s'il eût eu connaissance de la maladie. Par conséquent, la saisie d'un quartier ou de deux quartiers ouvrira à l'acheteur un recours en garantie contre le vendeur (art. 1641 et 1636 Cod. civ.).

En résumé, quand une viande a été jugée propre à la consommation, le boucher et le charcutier n'ont pas le droit de refuser l'animal et de demander la résiliation de la vente ; ils ont seulement le droit d'agir en réduction deprix, lorque les lésionsdécouvertes après l'abatage entraînent une saisie assez importante ou une dépréciation assez considérable (art. 1641 Cod. civ.). Tel serait assurément le cas qui se réaliserait, si les quartiers d'un animal tuberculeux ou ladrique devaient, par ordre de l'autorité et par mesure de précaution, être vendus après cuisson préalable ou à un étal spécial ou à la criée avec l'indication qu'il s'agit d'une viande malade. Cependant, même en pareille hypothèse, l'acheteur pourra, en vertu des articles 1645 et 1382 du Code civil, joindre à son action en réduction de prix une demande en dommages-intérêts ou l'intenter seule dans les cas où il n'y aura pas lieu à la première, pourvu qu'il démontre la mauvaise foi du vendeur et qu'il établisse qu'il a éprouvé un préjudice.

D'après tout ce qui vient d'être dit, il est facile de donner des exemples de vices rédhibitoires pour les divers animaux de boucherie. Dans les ventes d'animaux solipèdes (cheval, âne, mulet) destinés à la boucherie, si les accidents et maladies visibles ne sont pas rédhibitoires, il n'en est pas de même des maladies cachées qui, reconnues à l'autopsie, font prononcer la saisie. Ainsi, la morve latente, la septicémie, la mélanose, etc., non apparentes au moment de la vente, entraînant la saisie, quand elles sont constatées à l'autopsie, sont des vices rédhibitoires. De même il y a lieu à la rédhibition, quand il s'agit d'un cheval vendu à la boucherie et ayant un accident, un défaut visible au moment de la vente, mais saisi à l'autopsie pour cause de morve latente. Dans les ventes d'animaux bovins, sont des vices rédhibitoires : le charbon, la phtisie, la diphtérie, la septicémie, la gravelle compliquée de déchirure de la vessie, etc. Pour les animaux de l'espèce porcine, on peut ranger parmi les vices rédhibitoires la phtisie, la ladrerie, le rouget, la trichinose, etc. La vente de la viande de porc ladre est une infraction à la loi du 27 mars 1851, il en est de même de la vente de la viande trichinée, quand le vendeur agit en connaissance de cause.

L'article 1647 du Code, en mettant la perte à la charge du vendeur, si la chose qui avait des vices venait à périr par suite de sa mauvaise qualité, lui créait une situation peu équitable dans certains cas; en effet, quand l'animal vendu était conservé trop longtemps par l'acheteur, il pouvait arriver qu'une maladie, qui ne l'aurait pas fait saisir s'il eut été sacrifié promptement, le fit périr. On a vu plus haut qu'il y avait lieu de croire que cette disposition avait été abrogée par la loi de 1884, dont l'article 10 est désormais seul applicable aux cas de mort survenue après la vente. Ainsi lorsqu'un animal vendu pour la boucherie succombera avant que le boucher ait songé à l'abattre, il n'y aura désormais plus à rechercher si la mort a été occasionnée par une maladie antérieure à la vente; il n'y aura pas davantage à rechercher si la maladie est de celles qui sont de nature à faire saisir la viande quand l'animal a été abattu; il y aura tout simplement à voir si la mort est la conséquence d'une des maladies énumérées par l'article 2 de la loi du 2 août 1884, et s'il en est réellement ainsi on suivra les règles qu'elle édicte pour les formalités à remplir et pour les délais de l'action en garantie. Cependant le boucher avisé pourra presque toujours éviter l'application de cet article 10, qui ne le garantit que dans une très faible mesure; et pour cela il n'aura qu'à abattre l'animal qu'il reconnaît malade; et si la viande est saisie la garantie lui sera due d'après les articles 1641 et 1643; que si l'animal était refusé à l'abattoir avant d'être sacrifié, la même garantie lui serait encore due aux conditions exigées par les mêmes articles. Si la mort arrive par la faute de l'acheteur, si par exemple l'acheteur ou ses gens laissent l'animal se noyer en traversant ou en longeant un cours d'eau, l'autopsie démontrerait en vain l'existence d'une maladie antérieure à la vente, lors même que cette maladie serait de nature à rendre la viande impropre à la consommation ; en pareil cas la perte ne saurait être pour le vendeur. Bien plus l'article 1647, dans son second alinéa, décide que si l'animal, qui avait des vices rédhibitoires, périt par cas fortuit avant ou après la livraison, la perte est pour l'acheteur ; en sorte que le bœuf atteint de tuberculose, le porc atteint de ladrerie, le cheval atteint de morve latente, etc., périssent pour le compte de l'acheteur s'ils sont tués par la foudre ou tout autre cas fortuit, bien que la maladie, dont l'autopsie révèle l'existence, soit de celles qui font saisir la viande.

Le vendeur, avons-nous vu, est garant des vices cachés, qu'il les ait connus ou qu'il les ait ignorés (art. 1643 Cod. civ.) ; mais sa responsabilité varie suivant qu'il avait ou non connaissance des vices quand il a vendu les animaux. Lorsqu'il a été de bonne foi, quand en vendant il ignorait les vices (art. 1646 Cod. civ.), il n'est tenu qu'à restituer à l'acquéreur le prix de l'animal (ou une partie de ce prix quand il y a eu saisie partielle) et à lui rembourser les frais de la vente ainsi que les frais de justice. La bonne foi du vendeur est toujours présumée ; si l'acheteur avance que son cocontractant a été de mauvaise foi, c'est à lui de prouver qu'il avait connaissance des vices au moment de la vente. Il peut arriver que l'acquéreur ait revendu les animaux par lui achetés et que le dernier acquéreur attaque le premier en garantie ; celui-ci agit (action récursoire) à son tour contre le vendeur originaire, qui, bien qu'ayant été de bonne foi, est tenu de rembourser, en outre des frais déjà énumérés, ceux qu'ont occasionnés les reventes, ceux que le premier acquéreur a été obligé de rembourser au sous-acquéreur par suite de l'action rédhibitoire (Cass., 29 juin 1847). Lorsque le vendeur a été de mauvaise foi, lorsque, connaissant les vices cachés, il ne les a pas dévoilés à l'acheteur au moment de la vente, il a commis un dol par réticence ; et en conséquence (art. 1645 Cod. civ.), il est tenu, en outre de tout ce qui a été indiqué à propos du vendeur de bonne foi, à des dommages-intérêts envers l'acheteur. La différence entre la garantie due par le vendeur de bonne foi et celle qui incombe au vendeur de mauvaise foi, est surtout saillante quand il s'agit d'un animal atteint de maladie contagieuse. Ainsi, quand un boucher achète, pour le livrer à la consommation, un cheval atteint de morve, il y a pour lui un intérêt capital à démontrer, s'il le peut, la mauvaise foi du vendeur. L'animal est saisi par l'inspecteur de la boucherie ; mais avant d'être saisi, il a pu cohabiter avec des chevaux sains, que le boucher utilisait pour le travail ou avec les chevaux d'un voisin et les contaminer ; si l'acquéreur ne démontre pas la mauvaise foi du vendeur, il devra subir les pertes résultant de la contamination. Quand la mauvaise foi du vendeur est démontrée, les dommages résultant du vice sont donc à sa charge ; et dans notre hypothèse ils peuvent être considérables.

L'acquéreur n'est pas garanti pour les vices rédhibitoires, quels qu'ils soient, quand les ventes se font par autorité de justice (art. 1649 Cod. civ.). Ainsi le boucher, qui achète des animaux dans les ventes judiciaires forcées, faites aux enchères publiques, à la suite de saisies, de faillites, etc., n'est nullement garanti pour les vices que les animaux peuvent avoir. L'article 1627 décide que les parties peuvent, par des conventions particulières, ajouter à la garantie ou en diminuer l'effet, ou même l'effacer complètement. Le vendeur peut donc stipuler qu'il ne répond pas d'un ou plusieurs vices qu'il énumère; et alors il ne cesse pas de répondre des autres qu'il n'a pas énumérés; il peut se décharger de la garantie de tous vices rédhibitoires, en stipulant que l'acquéreur achète à ses risques et périls et exonère le vendeur de toute garantie. Mais l'article 1643 établit que le vendeur ne peut valablement stipuler la non-garantie que pour les vices rédhibitoires qu'il ne connaît pas; et, s'il stipule la non-garantie pour des vices qu'il connaît, en se bornant à les énumérer, sans dire à l'acquéreur qu'ils existent, il fait une stipulation nulle comme entachée de fraude, comme dolosive et il reste garant.

Quand il s'agit d'une maladie contagieuse prévue par la loi sanitaire, le vendeur fait une clause nulle en stipulant la non-garantie, peu importe qu'il ait ou non connaissance de l'affection. Les animaux atteints de maladie contagieuse sont hors du commerce, et ils ne peuvent pas être vendus; par conséquent, stipuler la non-garantie à propos d'une vente nulle, c'est faire une stipulation également nulle. Mais s'il s'agit d'une maladie contagieuse non prévue par la loi sanitaire, le vendeur peut valablement stipuler la non-garantie quand il ignore l'existence de l'affection.

L'acheteur peut prouver, par tous les moyens légaux, que le vendeur connaissait le vice au moment de la vente; il peut d'ailleurs stipuler en sa faveur telle ou telle garantie spéciale pour telle ou telle maladie.

L'acheteur a plusieurs moyens à sa disposition pour agir en garantie contre son vendeur; il a le choix entre différentes voies de recours. Il doit savoir choisir la plus sûre et celle qui occasionne le moins de frais; il doit agir dans les délais voulus; il doit faire la preuve de tout ce qu'il avance; il doit observer certaines règles de procédure pour faire constater son droit, pour obtenir la résolution de la vente et bénéficier de ses effets.

II. — Voies de recours. — Procédure.

L'acheteur peut exercer contre son vendeur, tantôt une action rédhibitoire, tantôt une action estimatoire, tantôt une action récursoire, tantôt une action en dommages-intérêts, tantôt une action en nullité; il peut dans certains cas joindre une action en dommages-intérêts à l'une des autres.

Actions rédhibitoire, estimatoire, récursoire. — L'action rédhibitoire est une voie de recours par laquelle l'acheteur, se basant sur l'existence d'un vice, dont le vendeur est garant d'après les règles précédemment exposées, demande la résolution de la vente et la réstitution intégrale du prix qu'il a payé. L'action estimatoire est une simple demande en réduction de prix, basée sur la lésion résultant, au préjudice de l'acheteur, de l'existence d'un vice qui empêche l'utilisation d'une partie de la viande ou d'une partie d'un lot d'animaux achetés en bloc. En intentant une action en réduction de prix, l'acheteur demande la restitution d'une partie de la somme qu'il a payée. Pour fixer la quotité de la réduction, il est fait appel à des experts. L'action estimatoire offre des avantages, surtout pour le vendeur, qui n'est, en pareil cas, tenu de restituer qu'une partie du prix, l'acheteur utilisant tout ce qui n'a pas été saisi; elle n'entraîne pas la résolution de la vente.

L'action récursoire n'est autre que l'action en garantie intentée à un premier vendeur par un premier acheteur, qui, ayant revendu l'animal, est lui-même actionné en rédhibition ou en réduction de prix par le sous-acquéreur; elle est une action rédhibitoire ou estimatoire, suivant que la demande du sous-acquéreur est elle-même une action rédhibitoire ou estimatoire. Ainsi, Claude vend à Paul un bœuf; Paul revend l'animal à Pierre, qui le sacrifie en vue de la boucherie; le bœuf est reconnu phtisique à l'autopsie et saisi totalement ou partiellement, Pierre intente une action rédhibitoire ou en réduction de prix à Paul, son vendeur, et celui-ci a le droit d'intenter, à son tour, une action en garantie, rédhibitoire ou estimatoire, contre le vendeur originaire, il a recours contre Claude.

L'action rédhibitoire et l'action estimatoire doivent être intentées dans un bref délai; le demandeur en garantie (acheteur) doit prouver l'existence du vice rédhibitoire qu'il allègue, il doit aussi prouver son antériorité et son invisibilité au moment de la vente. La preuve de ces diverses circonstances sera faite par les moyens indiqués ci-après; et la mise en règle de l'acheteur devra avoir lieu suivant les formes et dans les délais qui sont déterminés plus loin. L'action en garantie (récursoire) du revendeur contre le vendeur originaire est liée à l'action principale (rédhibitoire ou estimatoire) intentée par le sous-acquéreur; le premier vendeur peut être appelé devant le tribunal qui doit juger la demande du second acheteur et dans ce cas une seule et même décision intervient pour trancher la double contestation, en faisant droit aux deux actions, ou en les rejetant toutes les deux, ou en admettant l'action du sous-acquéreur et en rejetant l'action récursoire du revendeur, quand elle est exercée trop tard. Le sous-acquéreur peut d'ailleurs agir directement en garantie contre le vendeur originaire, qui ne s'est pas exonéré de son obligation par une stipulation expresse, pourvu qu'il le fasse dans les délais que la loi accorde au revendeur pour intenter l'action récursoire. Ce dernier, qui ne peut agir *récursoirement* contre son propre vendeur, qu'autant qu'il est actionné lui-même en garantie par son acheteur, peut, avons-nous dit, appeler le vendeur originaire devant le tribunal où il est appelé lui-même; mais cela n'est vrai qu'autant que ce tribunal n'est pas d'une juridiction différente de celle à laquelle le premier vendeur est soumis; ainsi le revendeur actionné devant un tribunal de commerce ne pourrait y appeler le premier vendeur qu'autant que ce dernier serait lui-même commerçant en bestiaux.

ACTION EN NULLITÉ. — Les ventes d'animaux en vue de la boucherie peuvent être inexistantes ou annulables dans certains cas. Elles sont inexistantes c'est-à-dire qu'elles ont manqué de se former pour défaut d'objet, quand elles ont porté sur des animaux mis hors du commerce par la loi sanitaire, quand le vendeur a intentionnellement vendu des animaux qu'il savait atteints ou qu'il soupçonnait d'être atteints d'une maladie contagieuse (art. 1598 Cod. civ. et art. 1, 3, 5, 13, 14 et 15 de la loi du 21 juillet 1881). En cas de vente inexistante, le marché ne peut être invoqué par le vendeur ni opposé à l'acquéreur; celui-ci a le droit de se refuser à prendre livraison et à payer le prix de vente s'il vient à apprendre et à pouvoir démontrer l'existence d'une maladie faisant mettre l'animal hors du commerce. Que si la vente a été exécutée, l'acheteur peut répéter son prix durant trente ans. Mais, pour se prévaloir de l'inexistence de la vente, l'acheteur doit démontrer deux choses : l'existence d'une maladie prévue par la loi sanitaire et la connaissance de cette maladie par le vendeur au moment de la vente. Ajoutons en outre qu'il faut que la maladie entraîne la saisie de la viande; car s'il s'agit d'une vente intentionnelle d'animaux atteints d'une maladie prévue par l'article 1er de la loi du 21 juillet 1881, mais qui, d'après les règlements de l'abattoir, n'entraîne pas la saisie de la viande, le marché doit être maintenu, et l'acheteur ne peut qu'intenter une action en dommages-intérêts au vendeur, s'il a éprouvé quelque préjudice.

Les ventes pour la boucherie sont seulement annulables quand le vendeur, ignorant la maladie cachée qui, d'après la loi sanitaire, met les animaux hors du commerce et entraîne la saisie de la viande, a vendu de bonne foi. En pareil cas, la maladie n'étant pas apparente au moment de la vente et n'étant pas connue du vendeur, il y a seulement erreur sur la substance, annulabilité de la vente, et l'acquéreur a une action en nullité. L'action en nullité peut encore être motivée par le dol du vendeur, lorsqu'il a fait épingler un porc ladre pour rendre la maladie invisible au languéyage et obtenir de l'acheteur une décharge de garantie ; lorsqu'il a usé de manœuvres frauduleuses pour empêcher l'acheteur de constater un vice apparent ; lorsqu'il s'est entendu avec le languéyeur pour tromper l'acheteur ; lorsqu'il est convaincu d'avoir vendu sciemment et sans en informer l'acheteur, des animaux qu'il savait atteints de maladies cachées prévues par les règlements spéciaux comme devant faire saisir la viande. Pour intenter valablement une action en nullité basée sur l'erreur portant sur la substance, l'acheteur n'a qu'à prouver l'existence antérieure à la vente d'une maladie qui rend l'animal vendu impropre à la consommation d'après la loi sanitaire. Quand l'acheteur ne peut pas se prévaloir de l'inexistence de la vente, parce qu'il ne lui est pas possible de démontrer la mauvaise foi du vendeur, il peut toujours agir en nullité pour erreur sur la substance. Pour réussir dans une action en nullité basée sur le dol, l'acheteur doit prouver la fraude, l'existence de la maladie et son antériorité à la vente.

L'acheteur peut d'ailleurs joindre à l'une des actions précédentes une demande en dommages-intérêts, toutes les fois qu'il démontre qu'il a subi un préjudice et qu'il prouve la mauvaise foi du vendeur.

En résumé, quand il s'agit de la ladrerie ou de vices ayant les caractères exigés par les articles 1641 et 1643 du code, l'acheteur peut agir en garantie (art. 1644 Cod. civ. et art. 3 loi du 2 août 1884) en demandant la résolution de la vente (action rédhibitoire) ou simplement une réduction de prix. Mais pour les vices, qui n'occasionnent qu'une perte partielle (saisie d'un ou de deux quartiers) ou qu'une détérioration, qui se traduit par une diminution de valeur, l'action estimatoire doit être employée de préférence ; car, s'il faut que les droits de l'acquéreur ne soient pas méconnus, il faut aussi que le vendeur ne soit pas injustement sacrifié. Ainsi, quand une partie seulement de l'animal a été saisie, quand le vice n'occasionne qu'une simple dépréciation, c'est une action en réduction de prix qui doit être exercée par l'acheteur. La faculté d'option dont parle l'article 1644 est donc restreinte ; et quand le demandeur a intenté une action rédhibitoire au lieu d'intenter une action estimatoire, dans des circonstances qui rendent illusoire le droit du vendeur d'exiger la restitution de l'animal, les juges peuvent ne prononcer que la réduction de prix. Quand il s'agit de vices cachés tus intentionnellement par le vendeur (qui les connaissait), l'acheteur a droit à une action rédhibitoire ou à une action estimatoire et à une action en dommages-intérêts (art. 1645 Cod. civ.).

Lorsqu'il s'agit de maladies faisant considérer la vente comme une infraction à la loi sanitaire, l'acquéreur peut, suivant les cas, intenter une action en nullité ou une action rédhibitoire, poursuivre le vendeur devant le Tribunal correctionnel, ou intervenir au débat sur l'action publique en se constituant partie civile, ou agir en dommages-intérêts devant le Tribunal civil. Ainsi, quand il a acheté un animal atteint d'une maladie contagieuse, prévue à la fois par la loi sanitaire et par les règlements de l'abattoir, il peut se prévaloir de l'inexistence de la vente, s'il démontre la mauvaise foi du vendeur, ou intenter une action en nullité pour erreur sur la substance, s'il ne peut démontrer la mauvaise foi du vendeur, ou bien enfin se contenter de l'action rédhibitoire, s'il est encore temps de l'exercer. L'acquéreur, qui a acheté un animal atteint d'une maladie contagieuse prévue par la loi sanitaire, mais qui, d'après les règlements de l'inspection, n'entraîne pas la saisie, n'a droit à aucune action, si ce n'est à une action en dommages-intérêts pour le cas où il démontrerait la mauvaise foi du vendeur et l'existence d'un préjudice, qu'il aurait éprouvé pour avoir acheté un animal atteint de maladie contagieuse.

Enfin, l'acquéreur a une action rédhibitoire ou estimatoire, avec ou sans action en dommages-intérêts, quand il a acheté un animal atteint d'une maladie contagieuse ou autre non prévue par la loi sanitaire ni par le règlement de l'abattoir, mais entraînant, de la part de l'inspecteur, en vertu du pouvoir qu'il a reçu de l'administration, une saisie totale ou partielle.

Délais. — L'action en nullité dure trente ans ou dix ans. Elle dure trente ans, quand elle est basée sur une vente inexistante ; mais néanmoins l'acquéreur a intérêt à agir promptement, afin de pouvoir plus facilement administrer la preuve de ce qu'il avance. D'ailleurs, suivant que la vente a été ou n'a pas été exécutée, l'acheteur peut se contenter de refuser de se prêter à son exécution, ou demander la restitution de son prix. L'action en nullité dure dix ans, quand elle résulte d'une vente entachée d'erreur sur la substance ou de dol, à compter du jour de la découverte du dol ou de l'erreur.

L'action en dommages-intérêts est tantôt principale, tantôt accessoire et liée à une autre action ; sa durée, en cas d'infraction à la loi sanitaire est de trois ans tant au civil qu'au correctionnel ; elle est de trente ans en cas de dol.

Les actions rédhibitoire, estimatoire, et récursoire, durent peu, elles durent neuf jours pour la ladrerie (art. 5, 6, 7, loi 2 août 1884) et un temps variable pour les autres vices suivant leur nature et suivant les usages locaux (art 1648 Cod. civ.). En tous cas l'acheteur doit agir promptement, et le délai de neuf jours, à défaut d'usages locaux, est celui que les juges peuvent prendre pour règle, quand il s'agit de savoir si l'action en garantie a été intentée en temps voulu. Le délai pour intenter l'action en garantie se compte à partir du lendemain du jour de la vente ; cependant il a été décidé (Cass. 16 nov. 1853) que l'action rédhibitoire, étant une action en nullité ou rescision pour cause d'erreur dans le sens de l'art. 1304, le délai pour l'intenter commence à courir, non du jour de la vente, mais seulement du jour de la découverte de l'erreur, c'est-à-dire du vice caché qui donne lieu à l'action rédhibitoire ; mais il a été décidé aussi (Cass. 23 août 1865) qu'en cette matière sont inapplicables les dispositions de l'article 1304, soit quant à la durée, soit quant au point de départ du délai. Les juges peuvent par suite considérer que le délai a couru du jour de la vente et non du jour de la découverte des vices alors qu'il s'agit de vices faciles à vérifier. Du reste, quand il s'agit de la ladrerie, le délai accordé par la loi de 1884 se compte toujours à partir de la vente. L'acheteur peut agir valablement pendant tout le jour qui suit celui dans lequel le délai a pris fin. Non seulement on ne compte pas le jour de la vente, ni le jour de l'échéance, mais en outre ce délai est augmenté d'un jour à raison de cinq myriamètres de distance entre le lieu où l'animal a été conduit et le domicile du vendeur ; les fractions de moins de quatre myriamètres ne sont pas comptées, tandis que les fractions de quatre myriamètres et au-dessus augmentent d'un jour le délai. Quand le dernier jour est férié, le délai est prorogé au lendemain (Art. 1033 Cod. proc. civ.). Ainsi, soit une vente d'animaux faite dans un lieu où le règlement de la boucherie ou l'usage fixe, comme la loi de 1884, un délai de neuf jours pour agir en garantie ; ce délai commence à courir le lendemain de la vente, et le dixième jour l'acheteur peut intenter son action ; Bien plus, ce laps de temps doit être augmenté d'un jour si le vendeur se trouve domicilié à 50 kilomètres du lieu où est l'animal ; de deux jours s'il est éloigné de 90 kilomètres ; de trois jours s'il est éloigné de 140 kilomètres, etc. Si le sous-acquéreur agit en garantie vis-à-vis du revendeur avant l'expiration du délai accordé à ce dernier en vertu de la première vente, celui-ci pourra à son tour agir valablement par action récursoire contre le vendeur originaire ; mais il n'en sera pas de même si le second acheteur agit contre le revendeur, alors que le délai de la garantie due à celui-ci par le vendeur originaire est expiré, car alors l'action du premier acheteur est prescrite. Dans cette seconde hypothèse, qui se présentera forcément toutes les fois que le premier acquéreur sera actionné par son sous-acquéreur à la suite d'une revente faite après l'expiration du délai résultant de la première et qui se réalisera encore souvent quand le sous-acquéreur, qui aura acheté deux, trois, quatre jours après la première vente, n'agira en garantie qu'à l'expiration du délai qui lui est propre ; dans cette hypothèse, dis-je, le revendeur ne pourra pas agir récursoirement contre le vendeur originaire, son droit à la garantie se trouvant prescrit ; il ne lui restera que le secours de l'action en dommages-intérêts de l'article 1382, s'il peut prouver l'antériorité du vice à la vente et la mauvaise foi de son vendeur. Quand l'animal acheté a été revendu par le premier acquéreur, et quand celui-ci est actionné par son sous-acquéreur, il y a lieu en faveur du revendeur pour actionner le vendeur originaire, à une prolongation de délai calculée en raison de la distance qui sépare le domicile de ce dernier du lieu où l'animal a été conduit pendant le délai de la garantie résultant de la première vente, peu importe que l'animal ait été déplacé avant ou après la seconde vente, pourvu qu'il l'ait été avant l'expiration du délai créé par la première ; en outre le revendeur bénéficie des délais des articles 175 et 176 du Code de procédure civile, c'est-à-dire qu'il a pour assigner son garant un délai de huitaine à compter du jour où il est assigné lui-même, pourvu qu'il l'ait été dans les délais qu'il aurait eus lui-même pour agir d'après la première vente contre le vendeur originaire.

PREUVE A FAIRE PAR LE DEMANDEUR.— PROCÉDURE A SUIVRE. — Quelle que soit l'action que le demandeur intente, il doit prouver certains faits, et il doit les prouver d'une certaine façon. Ainsi, quand il intente une action rédhibitoire ou estimatoire, il doit prouver l'existence du vice, son antériorité et son invisibilité au moment de la vente ; et cette preuve se fait par un rapport d'expert, qui constate l'existence de la maladie et décide, d'après ses lésions, si elle était antérieure à la vente et si elle a été cachée au moment de la convention ; s'il s'agit de la ladrerie il lui suffira d'établir l'existence de la maladie, car, d'après la loi de 1884, ce vice constaté dans les délais légaux est réputé antérieur et invisible au moment de la vente. Lorsque le demandeur intente une action en dommages-intérêts, il doit prouver, en outre des points déjà indiqués, la mauvaise foi du vendeur; et cette preuve se fait par toute espèce de voie légale, même par des présomptions graves. Enfin, s'il intente une action en nullité, l'acheteur doit prouver l'inexistence de la vente ou l'erreur sur la substance ou le dol.

Il faut dans toute cette matière, hormis quand il s'agit de la ladrerie, suivre les règles du droit commun relativement à la procédure ; c'est donc généralement la procédure ordinaire qu'il faut adopter, et dans un cas (ladrerie) celle de la loi de 1884.

Dans la procédure ordinaire, c'est le tribunal saisi de l'action qui nomme les experts quand il y a lieu ; et si l'on attendait qu'un tribunal eût été saisi par le demandeur et qu'il eût nommé des experts, il arriverait presque toujours que la viande se serait altérée et que les constatations nécessaires ne pourraient plus être faites. Aussi quand un boucher ou un charcutier a acheté un animal atteint de vice rédhibitoire, il doit avant tout, c'est-à-dire dès que l'animal a été saisi ou reconnu impropre à la consommation, demander la nomination d'experts chargés de faire les constatations indispensables pour assurer la réussite de l'action qu'il veut intenter à son vendeur. Il peut, vu que l'affaire est toujours de celles qui requièrent célérité, adresser au Président du Tribunal civil du lieu où se trouve l'animal, à l'effet d'obtenir la nomination de un ou plusieurs experts, une requête sur papier timbré, dans laquelle il exposera sommairement le pourquoi et l'objet de sa demande. Le président rendra, à la suite de cette requête, une ordonnance dans laquelle il désignera un ou plusieurs experts pour examiner l'animal, faire les constatations voulues et en dresser rapport. Quand l'affaire est de la compétence du juge de paix ou du Tribunal de Commerce, les choses peuvent aller plus vite encore. Ainsi, quand le vendeur et l'acheteur sont domiciliés dans le même canton, et lors même qu'ils sont domiciliés dans des cantons différents, si toutefois l'affaire ne s'élève pas à un chiffre dépassant 200 francs, l'acheteur peut traduire directement et à tout moment son vendeur devant le juge de paix de son domicile après l'avoir prévenu (art. 8 Cod. proc. civ.). Ainsi encore, si l'affaire est de la compétence du Tribunal de Commerce, si la vente a eu lieu entre un marchand de bestiaux et un marchand boucher ou charcutier, et si les deux parties sont domiciliées dans le ressort du Tribunal, l'acheteur peut introduire directement sa demande (art. 417 Cod. proc. civ.) à une audience utile, et le Tribunal ordonnera l'expertise et nommera des experts. Mais si l'audience du Tribunal de Commerce est trop éloignée et si le défendeur (vendeur) n'est pas domicilié dans son ressort, l'acheteur devra adresser une requête au président du Tribunal civil.

Le Tribunal civil ou autre, compétent pour connaître du fonds de l'affaire, celui devant lequel l'action rédhibitoire doit être intentée, est le Tribunal du domicile du vendeur; tandis que la requête à fin de nomination d'experts doit être présentée au président du Tribunal civil du lieu où est l'animal, ou au juge de paix du lieu dans lequel l'animal se trouve quand il s'agit de la ladrerie (art. 7 loi du 2 août 1884, qui décide en outre que la requête peut être verbale ou écrite).

Lorsque l'acheteur a obtenu l'ordonnance nommant les experts, il doit la faire enregistrer et la remettre ensuite lui-même ou la faire remettre à l'expert par un huissier, qui le sommera en même temps de procéder à son expertise ; il doit, si cela est possible, sommer le défendeur (vendeur) d'assister à l'expertise (voir pour la ladrerie, l'art. 8 de la loi du 2 août 1884); mais il ne pourra guère en être ainsi qu'autant que le vendeur ne sera pas éloigné. Les experts nommés rempliront leur mission en suivant les règles générales relatives aux expertises ; ils prêteront serment entre les mains du magistrat qui les a nommés ou de celui qui a été délégué pour le recevoir ; cependant, quand il s'agira de la ladrerie, ils se dispenseront de remplir cette formalité (art. 7, loi 2 août 1884), et se borneront à affirmer par serment la sincérité de leurs opérations, à la fin de leur procès-verbal. Ils procéderont à leur expertise le plus promptement possible; ils feront reconnaître par le vendeur, s'il est présent, l'identité de l'animal, ou relèveront soigneusement tout ce qui peut aider à l'établir ; ils procéderont méthodiquement à la constatation de tout ce qui peut être important pour la démonstration de l'existence du vice et de ses caractères ; ils feront ensuite un rapport dans lequel ils relateront scrupuleusement ce qu'ils ont fait, ce qu'ils ont vu et les conclusions qu'ils en tirent.

Quand un animal a été saisi à l'abattoir par l'inspecteur, que l'administration a nommé, à la suite de la constatation d'une maladie rendant la viande impropre à la consommation en totalité ou en partie, ***l'acheteur n'a pas besoin de provoquer une nouvelle expertise, il peut se contenter du procès-verbal de saisie dressé par le vétérinaire inspecteur***; il doit néanmoins faire établir l'identité de l'animal, ou faire relever toutes les particularités propres à l'établir. Il n'a qu'à assigner son vendeur devant le tribunal compétent et à invoquer, comme preuve de l'identité de l'animal ainsi que de l'existence et des caractères du vice, le rapport de l'inspecteur qui a opéré la saisie; il peut d'ailleurs appeler en témoignage l'inspecteur, si besoin en est. Un jugement du tribunal de commerce de Roubaix du 17 août 1882 et un jugement du tribunal de commerce de Lille du 18 mars 1884, tout en appliquant les règles du code relatives à la garantie des vices rédhibitoires des animaux vendus pour la boucherie et saisis à l'abattoir pour insalubrité de leur viande, ont admis la doctrine qui précède en considérant comme probants les procès-verbaux des inspecteurs qui ont pratiqué la saisie. Celui qui, actionné par le sous-acquéreur, agit en garantie contre un précédent vendeur, profite d'ailleurs de l'expertise faite à la diligence du premier demandeur ou de la preuve résultant du procès-verbal de saisie.

La demande de l'acheteur qui, à la suite d'une vente d'animaux de boucherie, intente une action rédhibitoire ou autre à son vendeur, n'est pas soumise au préliminaire de conciliation toutes les fois que la vente a été commerciale, toutes les fois que le demandeur a obtenu d'assigner à bref délai, et toutes les fois qu'il s'agit d'une action en garantie (rédhibitoire ou estimatoire, ou récursoire). En dehors de ces hypothèses le prélimaire est exigé; il l'est par exemple quand l'acheteur intente une action en nullité basée sur le dol, sur l'erreur, sur l'inexistence du contrat, etc., et il l'est, que l'affaire soit de la compétence du juge de paix, ou qu'elle soit de la compétence du Tribunal d'arrondissement. Devant les juges de paix et pour les cas de leur compétence ne requérant pas célérité, le préliminaire de conciliation (art. 2, loi du 2 mai 1855) consiste dans l'envoi d'un billet d'avertissement par l'acquéreur au vendeur. Quand l'affaire est de la compétence d'un tribunal d'arrondissement, la conciliation doit être tentée devant un juge de paix. Les parties peuvent s'entendre et choisir le juge conciliateur, et à défaut de leur entente, la loi désigne le juge du domicile du vendeur. Du reste, le vendeur, appelé en conciliation devant un juge qui n'est pas celui désigné par la loi, peut à son gré l'accepter ou se prévaloir de son défaut de qualité. Le demandeur appelle le vendeur en conciliation par une citation qu'il lui fait donner par un huissier du canton où est le juge conciliateur, à moins toutefois que les parties ne se soient entendues pour se présenter d'elles-mêmes. La citation en conciliation sauvegarde les droits du demandeur, elle interrompt la prescription, qu'il y ait ou non comparution du vendeur ou non-conciliation, pourvu que la demande (assignation devant le tribunal compétent) soit formée dans le mois, à dater du jour de la non-comparution ou de la non-conciliation (art. 57 Cod. proc. civ.). Il n'en serait pas de même, s'il n'y avait pas eu de citation par huissier; si les parties avaient comparu volontairement et ne s'étaient pas conciliées, la prescription ne serait pas interrompue. Quand une demande, qui doit être soumise au préliminaire de conciliation, est portée directement devant le tribunal d'arrondissement, le défendeur peut refuser d'entamer l'instance, et, sur sa demande, le tribunal doit dire qu'il n'examinera pas l'affaire. Mais, d'après les dernières décisions de la jurisprudence, le défendeur ne peut se prévaloir du défaut de préliminaire qu'au début de l'instance devant le tribunal d'arrondissement; il ne le peut plus lorsqu'il a autorisé l'instance. La citation en conciliation et l'assignation (intentement de l'action), quand le préliminaire de conciliation n'est pas nécessaire, doivent être données dans les délais précédemment indiqués à propos de chacune des actions qui peuvent être ouvertes à l'acheteur. L'assignation devant le tribunal compétent est donnée au vendeur par un huissier du ressort de ce tribunal.

Quand le demandeur triomphe dans son action en garantie il obtient soit une réduction de prix évaluée par les experts, soit la restitution intégrale de son prix, tout en étant pourtant obligé de restituer ou de tenir compte au vendeur des dépouilles et accessoires; les frais de la vente et ceux du procès sont pour le perdant.

CHAPITRE II.

Inspection des Foires et des Marchés d'approvisionnement. — Examen des animaux sur pied, au point de vue de la salubrité de leur viande.

L'inspection des foires et des marchés d'approvisionnement et l'examen des animaux sur pied sont importants au double point de vue de la recherche des maladies contagieuses (art. 39, loi 21 juillet 1881 et art. 80 à 88, décr. 22 juin 1882) et de la salubrité des viandes. Le vétérinaire, chargé de cette double mission, examinera au moins sommairement les divers animaux ou groupes d'animanx présentés au marché pour y être exposés en vente; il visitera les locaux qui reçoivent les animaux et qui sont des dépendances du marché ou de l'abattoir; il demandera l'application des mesures hygiéniques jugées utiles tant sur le marché que dans les locaux précités; il portera immédiatement à la connaissance du maire de la localité tous les cas de maladie contagieuse ou de suspicion constatés par lui; et l'agent de police, présent à l'inspection, fera immédiatement mettre en fourrière les animaux malades ou suspects. En outre, le vétérinaire-inspecteur fera aussitôt une enquête et proposera l'application des mesures de précaution nécessaires. Le maire de la localité, où se trouvent les animaux malades ou suspects, informera aussitôt celui du lieu d'où ils proviennent, en lui donnant le nom du propriétaire, afin que des mesures puissent être appliquées. Après chaque tenue de marché le sol des halles, des étables, des parcs de comptage, de tous autres emplacements, où les animaux ont stationné, et les parties en élévation, qu'ils ont pu souiller, doivent être nettoyés et désinfectés sommairement par un lavage ou un arrosage avec l'eau phéniquée ou additionnée d'une faible quantité d'acide sulfurique, sauf à recourir à une désinfection plus complète quand il aura été constaté l'existence de quelque maladie contagieuse (voir la désinfection appropriée à chaque affection contagieuse). Dans sa visite des foires, des marchés d'approvisionnement, de leurs dépendances et de celles de l'abattoir, dans son examen des animaux de boucherie sur pied, le vétérinaire, qui est à la fois inspecteur sanitaire et inspecteur de la boucherie, devra adopter autant que possible une ligne de conduite conforme aux données qui vont suivre et la faire consacrer par des arrêtés ou règlements municipaux. Outre que des mesures doivent être prises quand il s'agit de maladies prévues par la loi sanitaire, il peut arriver qu'il soit utile d'éloigner de l'abattoir certains animaux impropres à fournir une viande bonne pour la consommation. Les animaux, ainsi éliminés du marché ou de l'abattoir, donneraient lieu à la saisie, s'ils étaient sacrifiés, d'où résulterait une perte pour le boucher ou pour le vendeur et pour la consommation ; tandis que beaucoup de sujets, refusés momentanément parce qu'ils sont malades, maigres ou trop jeunes, pourront devenir bons dans la suite,

Maladies qui doivent entraîner l'exclusion des animaux.

Les animaux atteints de maladies non dangereuses pour l'homme peuvent d'une manière générale être livrés à la consommation, si l'affection ne s'accompagne ni d'une fièvre intense, ni d'aucune complication grave.

Grands Ruminants. — Si l'existence de la *peste bovine* était constatée ou soupçonnée avant l'entrée des animaux sur le marché, il y aurait lieu de séquestrer immédiatement tous les malades et les suspects. Quand la maladie sera constatée ou soupçonnée sur le champ de foire ou de marché, il faudra faire séquestrer immédiatement tous les animaux bovins, ovins et caprins exposés en vente. Il faudra dans tous les cas faire abattre les animaux reconnus malades et faire livrer les cadavres à l'équarrissage ou les faire enfouir. Il faudra faire marquer tous les autres et ne pas les laisser sortir de l'abattoir ou les y faire conduire directement ; il faudra enfin se conformer strictement aux prescriptions des articles 8 à 20 du Décret du 22 juin 1882 et de l'arrêté ministériel du 12 mai 1883 sur la désinfection. — Quand la maladie constatée ou soupçonnée sera la *péripneumonie contagieuse*, tous les animaux malades seront mis en fourrière ou conduits aussitôt à l'abattoir pour y être sacrifiés ; ensuite l'inspecteur pourra en permettre l'utilisation en vue de la consommation, si la maladie s'accompagne de peu de fièvre et de lésions peu étendues. En ce cas les issues (tête et viscères) seront néanmoins détruites, livrées à l'équarrissage, enfouies ou soumises à la cuisson dans l'abattoir. Dans tous les cas où la maladie sera grave, le cadavre sera livré à l'équarrissage ou enfoui, la peau pouvant toujours être utilisée après désinfection préalable. D'ailleurs, en dehors des conditions précitées, la chair des animaux abattus pour cause de péripneumonie contagieuse peut être livrée à la consommation, moyennant une autorisation du maire sur l'avis conforme du vétérinaire sanitaire, quand la maladie est peu intense. Les bêtes bovines exposées à la contagion sur le marché ou dans les locaux, parcs, chemins, doivent être considérées comme suspectes ; elles doivent être marquées et dirigées immédiatement vers l'abattoir le plus voisin, pour y être sacrifiées et utilisées; toutefois ces animaux peuvent être dirigés sur d'autres abattoirs, mais alors ils sont accompagnés d'un laissez-passer délivré par le maire (voir art. 23, décret du 22 juin 1882). Enfin, si ces animaux ne sont pas vendus pour la boucherie, les propriétaires peuvent les reconduire dans leurs étables, où ils seront soumis aux mesures convenables (voir décret 22 juin 1882, art. 21 à 28 et arrêté ministériel du 12 mai 1883 sur la désinfection). — Lorsque la maladie constatée sera la *fièvre aphteuse* (espèces bovine, ovine, caprine, porcine), les animaux malades, vendus pour la boucherie, seront conduits directement à l'abattoir du lieu pour y être ensuite abattus et utilisés ou saisis si la maladie a altéré la viande ; ils pourront aussi être dirigés sur d'autres abattoirs après avoir été marqués; ils seront alors transportés en voiture ou par chemin de fer, ils auront les pieds tamponnés et ils seront accompagnés d'un laissez-passer (voir art. 30-9° décret 22 juin 1882). D'ailleurs, si les animaux malades ne sont pas vendus, ils seront mis en fourrière et séquestrés jusqu'à complète guérison; toutefois le propriétaire pourra, pendant toute la durée de la séquestration, faire abattre lui-même, ou vendre pour la boucherie et pour être sacrifiés dans l'abattoir le plus voisin, ses animaux malades, qui seront alors marqués et accompagnés d'un laissez-passer. Les issues, tête, pieds,(viscères) des animaux utilisés pour la consommation seront échaudées à l'abattoir ou même saisies et livrées à l'équarrissage ou enfouies suivant la gravité et la généralisation des lésions. Quant aux bêtes, qui ont eu le contact des malades, si elles ne sont pas vendues pour être sacrifiées dans l'abattoir desservi par le marché, elles seront signalées aux maires des communes où elles seront envoyées (voir décret 22 juin 1882, art. 29 à 32, et arrêté ministériel 12 mai 1883). — Les animaux (quelle que soit leur espèce) atteints de *rage* doivent toujours être abattus, et en aucun cas leur chair ne sera utilisée pour la consommation. D'après l'article 55 du décret du 22 juin 1882 il est même interdit aux propriétaires de vendre les animaux suspects, qui ont été mordus, pour une destination autre que l'équarrissage ; mais il sera équitable, quand le propriétaire demandera à vendre pour la boucherie les animaux, qui viennent d'être mordus ou qui l'ont été depuis un ou deux jours seulement, de lui donner l'autorisation, surtout si la plaie de morsure a été cautérisée; on se contentera en pareil cas d'éliminer la partie qui aura été le siège de la morsure.—Le marché sera toujours fermé aux animaux reconnus ou soupçonnés *charbonneux*, et les mesures sanitaires appropriées seront appliquées. Quand le *charbon* sera constaté sur des animaux exposés en vente ou placés dans les dépendances du marché ou de l'abattoir, les malades devront être mis en fourrière et séquestrés jusqu'à leur complète guérison; en cas de mort ou d'abatage consenti par le propriétaire, les cadavres seront enfouis ou livrés à l'équarrissage. Les animaux suspects (exposés à la contagion) pourront être vendus (art. 58-9° décret 22 juin 1882) pour la boucherie; ils seront marqués et envoyés directement à l'abattoir, que le marché dessert, ou à d'autres à la condition qu'ils seront accompagnés d'un laissez-passer. S'ils ne sont pas vendus pour la boucherie, ils devront être signalés aux maires des communes, dans lesquelles ils seront envoyés, (voir décret 22 juin 1882, art. 57 à 60. et arrêté ministériel 12 mai 1883).

La *phtisie tuberculeuse*, assez fréquente chez les animaux de l'espèce bovine, est l'affection qui soulève le plus de difficultés. Mais, comme la maladie n'est pas facile à reconnaître quand elle est peu avancée, quand les malades ne sont pas dans un état de maigreur plus ou moins prononcé, et surtout dans les conditions où a lieu l'inspection des animaux sur pied par le vétérinaire, qui est obligé de s'en tenir à un examen très sommaire, il arrivera le plus souvent que ce sera seulement à l'autopsie (ouverture des cadavres) que le diagnostic pourra être établi d'une manière absolument sûre; aussi la détermination de la solution que comportent les difficultés soulevées par l'existence d'une tuberculose plus ou moins avancée et plus ou moins généralisée viendra-t-elle mieux à propos lorsqu'il sera traité de l'inspection des viandes mortes (abattues). D'ailleurs, à mon point de vue et eu égard aux considérations et aux conclusions, qui seront formulées plus loin, il convient que l'inspecteur du marché d'approvisionnement se préoccupe fort peu de l'existence de la tuberculose ; le mieux, dans l'intérêt de l'hygiène et de la consommation publiques, sera de recevoir au marché d'approvisionnement et surtout à l'abattoir les animaux atteints ou soupçonnés d'être atteints de tuberculose, afin de pouvoir en saisir la viande, s'il y a lieu, et de supprimer ainsi le danger de voir les malades être conservés encore ou être sacrifiés là où l'inspection se fait mal ou ne se fait pas pour y être livrés à la consommation ou pour être colportés à l'état de quartiers ou de morceaux. — Le *charbon symptomatique*, la *septicémie* qui s'observe quelquefois, notamment sur la vache sous forme de métrite septique, et sur les animaux atteints de gangrène pulmonaire, devront entraîner l'exclusion des bêtes qui en seront atteintes et qui pourront devenir utilisables dans la suite si la maladie guérit. Il en devra être de même de la *diphtérie contagieuse*, qui s'observe quelquefois sur les jeunes sujets de l'espèce bovine. Les animaux atteints de septicémie ou de diphtérie devront donc être exclus du marché d'approvisionnement ou de l'abattoir et rendus à leurs propriétaires, après que leur signalement aura été pris afin d'éviter toute fraude. — Les *affections parasitaires* telles que les *gales*, l'*herpès*, la *bronchite vermineuse*, la *cachexie*, le *tournis*, bien que très accusées et par conséquent faciles à constater, ne devront jamais faire exclure les animaux, qui en sont atteints, soit de l'abattoir, soit du marché, hormis dans les cas où elles seront accompagnées de maigreur excessive ou d'accidents entraînant une fièvre intense. — La *fièvre vitulaire*, le *coryza gangréneux*, et d'une manière générale toutes les *maladies graves*, tous les *traumatismes violents* remontant à une certaine date me semblent des motifs suffisants pour faire exclure de l'abattoir les animaux, qui en seront atteints, et qui ne pourraient fournir qu'une viande saigneuse, fiévreuse, de mauvaise qualité et de difficile conservation ; mais il devrait en être tout autrement des animaux atteints de l'une de ces affections, si la fièvre n'existait pas ou était peu accusée. Ainsi on devra exclure momentanément les animaux et attendre la guérison complète ou partielle : dans certains cas de fièvre vitulaire trop avancée, avec paralysie, et déjà traitée par l'emploi de médicaments plus ou moins dangereux pour l'homme ; dans les cas de coryza gangréneux grave, de maladie de poitrine avec fièvre violente, de péritonite, d'entérite, de métrite violentes, d'accidents, de traumatismes, d'opérations accompagnées de beaucoup de fièvre ; dans les cas de surmenage très accusé ; dans les cas de frais-vêlage avec fièvre et de gravelle compliquée d'infection urineuse ; dans le cas de météorisme déjà trop avancé et traité par l'administration d'agents qui altèrent la viande ; dans les cas d'empoisonnement, etc.

La *maigreur* est, après la phtisie, l'état qui fait naître les plus grandes difficultés dans la pratique de l'inspection; car on ne s'accorde pas sur le degré nécessaire pour motiver l'exclusion des animaux ou la saisie de la viande. La maigreur peut non seulement être plus ou moins prononcée, mais elle peut résulter de causes diverses; elle peut être la conséquence d'une maladie ancienne, de la phtisie, de la vieillesse, de l'usure, de la lactation prolongée, des privations, etc. L'inspecteur devra prendre en considération son degré et sa cause; mais, de même que pour la phtisie, son jugement définitif ne pourra souvent être porté qu'à l'ouverture du cadavre, car c'est seulement alors qu'il pourra bien savoir s'il existe des lésions de maladie ancienne grave; aussi la question des viandes maigres ne sera-t-elle résolue que plus loin à propos de l'inspection des viandes mortes. Néanmoins il est possible dès à présent d'établir certaines règles, qui,me semble-t-il,devront être suivies par le vétérinaire-inspecteur lors de l'examen sur pied des animaux maigres; ainsi il devra admettre au marché et à l'abattoir, afin de pouvoir saisir leur viande, les bêtes maigres qu'il soupçonnera d'être atteintes de tuberculose ou de toute autre maladie grave; tandis qu'il devra exclure de l'abattoir les animaux maigres au point de donner une viande inutilisable, si ces animaux ne semblent pas malades et s'il y a espoir de voir leur état s'amender sous l'influence d'une alimentation convenable; en aucun cas, un animal, pour le seul motif qu'il est trop maigre, ne devra être exclu du marché, s'il y est amené en vue d'être vendu non pour être immédiatement abattu, mais pour être soumis à un certain engraissement. — Les veaux trop jeunes, ceux qui ne pourront donner qu'une viande insuffisamment faite et ceux qui n'atteindront pas un certain poids seront momentanément exclus de l'abattoir (voyez plus loin, à propos des viandes trop jeunes, les conditions d'âge qui devront être exigées). — Les vaches pleines, même en état de gestation avancée, ne sauraient pour ce seul motif être exclues, comme des règlements anciens le prescrivaient. Les taureaux doivent également être admis comme animaux de boucherie.

Petits ruminants. — Moutons, Chèvres. — Les animaux reconnus atteints de *Clavelée*, avant leur entrée dans le marché, seront refusés, mis en fourrière et séquestrés. Si l'existence de la maladie est constatée ou soupçonnée sur les animaux du marché, les malades, vendus pour la boucherie, devront être conduits directement à l'abattoir le plus proche pour y être sacrifiés et utilisés ou saisis, suivant que l'affection sera ou ne sera pas grave ; ils pourront également être dirigés sur d'autres abattoirs après avoir été marqués, et dans ce cas ils seront transportés en voiture ou en chemin de fer et accompagnés d'un laissez-passer. En principe il est interdit de vendre des animaux atteints de *Clavelée*, et la vente seule des animaux exposés à la contagion est tolérée en vue de la boucherie ; cependant on pourra tolérer également dans les conditions précitées la livraison des malades à l'abattoir, soit qu'ils aient été reconnus sur le marché, soit qu'ils l'aient été avant leur exposition en vente, sauf, pour l'inspecteur, le droit de saisir la viande, quand elle lui paraîtra impropre à la consommation. Quand les animaux malades, reconnus avant ou sur le marché, ne seront pas vendus, ils seront mis en fourrière et séquestrés jusqu'à complète guérison ; toutefois, durant la séquestration, le propriétaire pourra obtenir de faire claveliser les non malades et de conduire à l'abattoir, sous la surveillance d'un employé du service, les malades pour les y faire sacrifier et ensuite vendre la viande si elle n'est pas saisie. En pareil cas les issues seront échaudées à l'abattoir ou saisies quand les lésions se trouveront trop généralisées; les peaux pourront toujours être livrées au commerce, après avoir été lavées à l'eau phéniquée et désséchées. Les animaux, qui auront été en contact avec les bêtes reconnues malades, seront signalés aux maires des communes où ils seront envoyés Les animaux suspects (contaminés) de *Clavelée* pourront toujours être vendus pour la boucherie; et il en sera de même des bêtes clavelisées, sous la condition d'être accompagnées d'un laissez-passer ; ces dernières seront livrées à l'abattoir le plus voisin et transportées si c'est possible etc. (Décret 22 juin 1882 art. 33 à 38 et arr. minis. 12 mai 1883). — Bien que la *gale* des petits ruminants soit prévue par la législation sanitaire comme devant faire séquestrer les animaux exposés sur les marchés ordinaires, et bien qu'il soit défendu de s'en défaire pour quelque destination que ce soit (Art. 40 Décret 22 juin 1882), il faut néanmoins décider que les bêtes galeuses, qui ne seront ni dans un état de maigreur excessive, ni dans un état fébrile etc., pourront être utilisées ; saisies aux marchés d'approvisionnement, elles pourront être conduites à l'abattoir si elles ont été ou sont vendues pour la boucherie ; elles pourront d'ailleurs être vendues et abattues pendant la durée de la séquestration, à moins qu'un traitement avec des agents toxiques ne soit en voie d'exécution. — Pour le *charbon* et la *septicémie*, il y a lieu d'adopter les mêmes solutions que à propos des grands ruminants ; il en est de même pour la bronchite vermineuse, la cachexie, le tournis. — Le *piétin* n'étant pas classé au nombre des maladies contagieuses par la loi sanitaire, les animaux, qui en seront atteints, devront être admis sur les marchés et dans les abattoirs, quand ils ne seront pas présentés dans un état de maigreur ou de fièvre trop accusées. — Pour les *maladies graves* avec fièvre, les *traumatismes graves*, la *gravelle compliquée*, le *surmenage*, le *météorisme*, la *maigreur*, *l'extrême jeunesse*, *l'état de gestation*, *les mâles non châtrés*, *les animaux écrasés*, s'inspirer également de ce qui a été dit à propos des bêtes bovines.

PORCS. — Relativement aux cas de *fièvre aphteuse*, de *charbon*, de *phtisie tuberculeuse*, de *gale*, de *maladies fébriles* ou *épuisantes*, de *traumatismes graves*, d'*écrasement*, de *surmenage*, de *maigreur*, et pour les *femelles en état de gestation*, ainsi que pour les *mâles non châtrés*, s'inspirer encore de ce qui a été dit précédemment à propos de ces divers états. — Le *rouget*, maladie virulente, congestionnelle, accompagnée de fièvre, d rougeurs et parfois de pneumonie ou de gastro-enté rite (non transmissible à l'homme), rendant l viande saigneuse, mais n'étant pas classée parmi le maladies, qui doivent entraîner l'application de me- sures sanitaires, les animaux, qui en sont atteints pourront être conduits aux marchés d'approvision nement, livrés à l'abattoir et utilisés ou saisi suivant que la maladie aura été plus ou moins grave On pourra permettre l'abatage, en vue de la con- sommation, des individus en bon état de chair, qu seront peu malades, qui auront peu de fièvre, qu seront au début de la maladie ; tandis qu'on devr prohiber l'entrée des abattoirs aux animaux grave- ment atteints, à ceux dont la maladie sera avancée et qui seront prêts à succomber ; que si on les laisse abattre, il y aura lieu de saisir la viande comme fiévreuse, saigneuse, altérée par le virus. — La *ladrerie* maladie parasitaire, caractérisée par la présence de cysticerques dans les tissus, principalement dans le tissu conjonctif des muscles, rend la viande du porc dangereuse (consommée crue) pour l'homme à qui elle peut donner le ver solitaire, dont la tête se trouve dans le grain de ladre. La maladie peut être diagnos- tiquée sur l'animal vivant par l'examen de la langue (opération du languéyage) et de la conjonctive, qui peut révéler l'existence de grelons ou grains de ladre- rie plus ou moins saillants, facilement reconnaissa- bles à leur teinte blanchâtre opaline quand ils sont su- perficiels, formant en tous cas proéminence et ren- dant la surface de la muqueuse inégale. Cependant dans des cas nombreux, les cysticerques font défaut aux parties explorables. Sans nous occuper pour le moment de la question de l'utilisation ou de la saisie des viandes ladres, qui sera traitée plus loin, il faut, à mon sens et pour les motifs déjà invoqués à propos de la tuberculose, laisser entrer au marché les porcs soupçonnés, et laisser conduire à l'abattoir les porcs reconnus ladres, sauf à saisir ensuite leur viande, si la maladie est assez grave. — A propos de la *trichinose* il y a lieu de donner la même solution que pour la ladrerie.

Animaux Solipèdes. — Les animaux solipèdes destinés à la boucherie doivent être attentivement inspectés avant et après l'abatage, parce qu'ils sont sujets à des affections nombreuses, et parce qu'ils ne sont d'ailleurs livrés à la consommation qu'autant qu'ils deviennent inutilisables à un service quelconque, à cause de l'usure, des tares, des accidents ou des maladies dont ils sont atteints. — Les animaux, reconnus *morveux* ou *farcineux* avant l'occision, seront saisis immédiatement, assommés sur place, marqués et envoyés aussitôt au clos d'équarrissage ou à l'enfouissement, après qu'on aura injecté de l'acide phénique ou de l'essence de térébenthine dans les cavités (art. 87 décret 22 juin 1882). Les animaux suspects (présentant des symptômes de morve ou de farcin insuffisamment caractéristiques) seront refusés, pour être soumis à l'application des mesures sanitaires que comporte leur état ; le mieux cependant serait de les laisser sacrifier pour les saisir ensuite, si l'autopsie minutieusement pratiquée laissait planer le moindre doute sur l'existence de la maladie. D'ailleurs, il est interdit de vendre pour une destination quelconque les solipèdes atteints ou soupçonnés d'être atteints de morve ou de farcin; et même ceux qui ont été exposés à la contagion ne peuvent, bien que ne présentant aucun symptôme, être vendus que pour être livrés à l'équarrissage; pendant deux mois après leur exposition à la contagion il doivent être surveillés, et cette surveillance doit durer un an pour ceux qui, ayant été exposés à la contagion, viendront à présenter quelque symptôme de la maladie. — Les solipèdes atteints de *dourine* ne peuvent être vendus pour la boucherie qu'un an après la guérison. — Pour le *charbon* on s'inspirera de ce qui a été dit précédemment à propos des autres espèces animales.

L'*infection purulente* doit être considérée comme un état maladif très grave, de nature à faire exclure de la consommation les viandes des animaux, qui en sont reconnus atteints, soit qu'on rencontre des foyers purulents dans les organes, soit qu'on ne trouve que des lésions initiales, de la congestion, des ecchymoses. Les animaux atteints ou soupçonnés d'être atteints de cette affection devront donc être exclus de la boucherie, à moins qu'on ne préfère les laisser sacrifier afin de saisir ensuite leur viande. On devra considérer comme suspects, c'est-à-dire comme impropres à donner une viande utilisable: les animaux chez lesquels un état fébrile intense se sera déclaré à la suite de plaies ou d'opérations, de traumatismes ou de maladies quelconques avec suppuration ; les animaux atteints de javarts ou de clous de rue anciens et compliqués de suppuration, d'arthrites ou de plaies articulaires graves, accompagnées de fièvre ou de suppuration, de caries osseuses, de maux de garrot, d'épaule, de nuque, etc., invétérés, de plaies suppurantes invétérées telles que plaies de farcin d Afrique, plaies d'été etc. ; les animaux récemment opérés pour le javart, la phlébite, le clou de rue, la gravelle, la castration etc., quand leur état général laisse à désirer; les animaux atteints de traumatismes graves, tels que fractures, plaies du thorax ou de l'abdomen etc., quand ces accidents, datant déjà de quelque temps, sont accompagnés de fièvre ; les animaux atteints de crapauds anciens, d'eaux aux jambes invétérées, d'abcès multiples etc. D'ailleurs, outre que ces divers états peuvent être le point de départ d'une infection purulente ou septique, outre qu'ils peuvent s'accompagner de fièvre, on les voit souvent coïncider avec la maigreur, et souvent aussi on a déjà mis en usage des médicaments, qui peuvent avoir imprégné les tissus au point de rendre la viande plus ou moins désagréable ou dangereuse. — La *septicémie* est également une affection très grave, qui altère le sang et la chair au point de légitimer toujours son exclusion de la consommation. Or, les viandes d'animaux septicémiques pouvant dans certains cas être difficiles à reconnaître après l'habillage et le dépeçage, de même que celles provenant d'animaux atteints d'infection purulente, il faudra toujours exclure de l'abattoir tout animal atteint ou soupçonné d'être atteint de septicémie, que la maladie soit essentielle ou qu'elle vienne compliquer une autre maladie externe ou interne, qu'elle soit manifestement déclarée ou simplement menaçante et soupçonnée dans l'une des hypothèses envisagées à propos de l'infection purulente ou dans toute autre condition. — Les solipèdes atteints de *gourme maligne*, accompagnée de fièvre, de catarhe, de phlegmons, d'abcès, de suppuration, etc., devront toujours être refusés; on n'acceptera que ceux qui ne présenteront que des symptômes très légers de la maladie. — Les animaux atteints de *horse-pox* ne seront refusés qu'autant que des complications graves d'adénite, de lymphangite, de suppuration étendue etc., se seront produites. — La *fièvre typhoïde* entraînant l'altération du sang et des chairs, on excluera tous les animaux, qui en seront reconnus atteints, quelle qu'en semble devoir être la gravité d'après l'état actuel des malades. — Les animaux *galeux* devront être acceptés, pourvu qu'il ne se soit pas produit des accidents graves, tels que engorgements, phlegmons, plaies suppurantes, fièvre, maigreur extrême, anémie. — On refusera tout animal atteint d'*anasarque* grave, de *paraplégie* avancée, de *tétanos* bien caractérisé essentiel ou traumatique, de *mélanose* généralisée, de *fics* nombreux, de *maigreur* extrême, d'*anémie* avec œdèmes volumineux etc. On refusera également les animaux atteints de maladies inflammatoires (encéphalite, pneumonie, pleurésie, entérite, péritonite, métrite, hernie étranglée, lymphangite, fourbure, échauboulure etc.) accompagnées de fièvre intense. On acceptera ceux qui, sans être trop maigres et sans être sous le coup de la fièvre, auront des tares, des blessures légères, des engorgements locaux, des hernies non compliquées, des fractures récentes, des tumeurs sanguines, des traumatismes récents ou peu graves, des maladies inflammatoires aigues avec peu ou pas de fièvre ou chroniques, du vertige, de l'immobilité, de la pousse, etc. etc.

CHAPITRE III.

Abattoirs. — Abatage. — Animaux morts d'accidents ou de maladies. — Origine et qualité de la viande et des Abats.

ABATTOIRS. — Les abattoirs sont des établissements dans lesquels on tue, dépouille et dépèce les divers animaux destinés à la consommation ; ils existent aujourd'hui dans toutes les villes d'une certaine importance, mais dans beaucoup de localités il n'y a que de simples tueries particulières ; souvent c'est une dépendance du magasin du boucher ou du charcutier, qui sert de tuerie, et il n'est même pas rare de voir dans certaines localités le même local servir de tuerie et de magasin ; quelquefois les animaux sont tués et travaillés devant le magasin du boucher, dans la rue, dans une cour, etc. Les abattoirs offrent des avantages sérieux au point de vue de l'hygiène et de la salubrité publiques ; grâce à leur installation et aux conditions qu'elle doit réaliser, on évite au public le triste spectacle de l'occision, de la vue du sang et des scènes de sauvagerie, dont les bouchers sont coutumiers ; on évite la création de foyers multiples de putréfaction et de miasmes, en concentrant le travail dans le même établissement, et on facilite l'inspection de la viande.

Les abattoirs sont des établissements communaux, placés sous la surveillance de l'autorité municipale ; ils sont classés, comme les clos d'équarrissage, dans la première catégorie des établissements insalubres, dangereux et incommodes, à cause des odeurs qui s'en exhalent, à cause des dangers que créent le passage des animaux qu'on y amène, la fuite de ceux qui s'échappent, à cause des cris des animaux et des opérations multiples que nécessite la préparation des viandes de boucherie. C'est la commune qui crée l'abattoir et qui perçoit un droit d'abatage ou concède, moyennant une redevance annuelle, la perception de ce droit à une compagnie ou à un particulier ; la création ou le transfert d'un établissement de cet ordre doit être délibéré par le conseil municipal, approuvé par le préfet, et les formalités multiples prescrites pour la fondation ou le déplacement des établissements insalubres de première classe doivent être remplies. Un emplacement convenable et un agencement approprié sont les deux principales conditions exigées : l'abattoir doit être établi hors de la ville ou dans un de ses faubourgs, en aval des cours d'eau qui la traversent, dans un lieu élevé, bien aéré et en pente pour faciliter l'écoulement des eaux de lavage ; on tiendra compte pour son orientation de la fréquence des vents qui règnent dans la localité ; il sera isolé de toute habitation, clos de murs et même entouré d'une plantation d'arbres ;

il sera spacieux, largement pourvu d'eau, bien pavé. Un abattoir se compose de locaux divers, de cours, de parcs, de bascules, d'étables, de bergeries, de porcheries, de grenier, de tueries, de halles d'abatage, de triperies, de voiries pour recevoir les fumiers, d'ateliers pour recevoir et utiliser le sang, de magasins pour les cuirs et les graisses etc, ; il doit être tenu proprement et lavé tous les jours à grande eau dans les parties qui servent au travail.

Le maire a le droit d'interdire d'abattre les animaux destinés au commerce de la boucherie et de la charcuterie ailleurs que dans l'abattoir de la commune ; et la Cour de Cassation a jugé que « un arrêté municipal portant que tous les bouchers seront tenus d'abattre leurs bestiaux à l'abattoir du lieu, est obligatoire pour tous les bouchers qui demeurent dans la commune, *même pour ceux qui habitent hors les limites de l'octroi* ; et ceux-ci, tant que l'arrêté n'est pas rapporté, ne peuvent se refuser de s'y conformer sous prétexte qu'en raison de leur domicile, ils sont affranchis du paiement des droits d'octroi, auxquels cependant l'arrêté les astreint. » (Cassation, 1er juin 1832).

« Est obligatoire l'arrêté municipal qui défend aux bouchers d'une commune de tuer ailleurs qu'à l'abattoir public. — L'exception faite en faveur des bouchers forains, ne peut s'appliquer à ceux qui résident au-delà des limites de l'octroi, mais seulement *aux bouchers qui n'ont pas leur établissement sur le territoire de la commune*. » (Cassation, 12 septembre 1851.). —Cependant, même lorsqu'un arrêté municipal interdit d'abattre les animaux destinés au commerce de la boucherie ailleurs que dans l'abattoir de la commune, les habitants n'en conservent pas moins le droit d'abattre les porcs pour leur consommation personnelle chez eux, dans un lieu couvert, clos et séparé de la voie publique. (Cassation chambre crim. 10 avril 1879.)

Le vétérinaire inspecteur des viandes de boucherie s'assurera de la bonne tenue de l'abattoir des tueries placées sous sa surveillance, et de leurs dépendances, pour en référer à l'administration toutes les fois qu'il le jugera utile. Il exercera pareillement sa surveillance sur le personnel employé; il veillera à ce que les animaux soient transportés ou conduits avec douceur à l'abattoir, et aux halles d'abatage; il s'attachera à faire cesser les habitudes brutales des conducteurs et des bouchers, qui infligent souvent d'une manière abusive des mauvais traitements aux animaux ; il emploiera à cet effet la persuasion, en démontrant aux intéressés que les coups laissent souvent après eux des ecchymoses qui nuisent dans une certaine mesure à l'aspect de la viande, et au besoin il demandera qu'on leur applique la loi du 2 juillet 1850, qui édicte l'amende et la prison pour punir les faits de ce genre.

ABATAGE. — L'*abatage*, l'*habillage* et le *dépeçage* des animaux comportent diverses opérations, que l'inspecteur doit apprécier et surveiller dans une certaine mesure. Divers procédés sont employés pour tuer les animaux de boucherie : on saigne généralement le mouton, la chèvre et le veau en introduisant le couteau en arrière du maxillaire et en tranchant les vaisseaux artériels et veineux de la région ; chez le mouton, une fois la saignée faite, certains bouchers pratiquent la section de la moelle en introduisant le couteau entre l'occipital et la première vertèbre, ou bien renversent violemment la tête en arrière au point de rompre la moelle ; le veau est ordinairement assommé au moyen d'un coup de masse appliqué sur le front ou sur la nuque, avant ou après la saignée. Le porc est saigné par la section des gros vaisseaux du cou de même que le bœuf et le cheval ; mais dans tous les cas, pour les grands animaux ruminants et solipèdes et quelquefois même pour le porc, la saignée est précédée d'une autre opération qui a pour but de les maîtriser et d'annihiler leurs mouvements.—Les Israélites égorgent les animaux quelle que soit leur taille; les grands animaux sont préalablement couchés et assujettis, le veau est suspendu par les membres postérieurs ou placé, comme le mouton, sur une table ou un établi; tandis qu'un aide retourne la tête de façon à tendre le cou et à présenter la gorge, le sacrificateur avec un damas à longue lame et par un seul mouvement de va et vient sectionne tout jusqu'aux vertèbres. La victime râle bruyamment, le sang est projeté en tous sens; et la mort arrive lentement, si on ne sectionne pas la moelle ou si on n'assomme pas l'animal une fois qu'il est égorgé. Pour annihiler les mouvements des grands animaux avant de pratiquer la saignée on a recours, exceptionnellement à la section de la moelle, quelquefois à l'emploi de masques à cheville métallique perforante ou de masques à feu, et généralement on assomme les grands ruminants et les solipèdes. Le bœuf et le cheval sont assommés, le premier à coups de masse assénés sur la nuque et sur le front, le second est ordinairement abattu facilement d'un seul coup bien appliqué sur le front; ensuite on procède à la saignée. L'emploi de masques constitue une innovation heureuse; il permet d'éviter les inconvénients inhérents au procédé de l'abatage par l'usage de la masse. Les masques employés sont ceux de Bruneau et de Siegmund. Le premier consiste dans une capote en cuir, qui s'adapte devant le front de l'animal, et qui porte dans la partie correspondante au milieu du front une plaque métallique perforée d'un trou à travers lequel doit être enfoncée, par un coup de maillet en bois, une cheville métallique, qui pénètre ainsi dans les centres nerveux. L'animal tombe instantanément, et le plus souvent il n'est pas nécessaire d'introduire, par l'ouverture qu'a fait la cheville métallique, la baguette en osier, qui fait partie de l'appareil, et qui doit servir à labourer la moelle, afin d'arrêter plus complètement les mouvements des membres. Ce procédé doit être préféré à tous les autres, il est d'une application facile, d'une réussite prompte et assurée, et il a l'avantage de mettre l'homme à l'abri de tout danger; il diminue les souffrances des animaux, et il permet d'obtenir une aussi parfaite saignée et une aussi belle viande que les autres procédés. Avec le masque à feu de Siegmund, qui est employé à l'abattoir de Bâle, on obtient aussi une mort très rapide; l'appareil est composé, comme le précédent, d'une capote en cuir, qui s'adapte devant le front, et qui porte sur la partie correspondante au crâne une plaque métallique perforée à laquelle est vissé un canon de fusil court, rayé et se chargeant par la culasse ; le coup de feu est obtenu en frappant légèrement avec un petit marteau sur la goupille à percussion, la balle laboure les centres nerveux et prend la direction de la moêlle ; la mort est très prompte, et les coups de feu n'effrayent pas les animaux qui attendent leur tour. A Paris les bouchers abattent généralement les grands ruminants en se servant d'une masse (merlin anglais), qui se termine d'un côté en forme de boulon ou de cheville métallique ; avec cet instrument, l'ouvrier habile traverse le front de l'animal, qui tombe, comme quand on fait usage du masque Bruneau ; ensuite on introduit par l'ouverture ainsi pratiquée une baguette flexible avec laquelle on laboure la moelle dans une longueur de 60 à 70 centimètres afin d'arrêter les mouvements des membres.

Une fois la saignée achevée, le boucher procède à l'habillage. Le porc doit d'abord être débarrassé de ses soies et de son épiderme ; pour cela on arrose le cadavre avec de l'eau chaude ou on le plonge quelques instants dans un réservoir qui en contient, puis on râcle la peau avec un couteau, quand le ramollissement obtenu est suffisant, et on enlève ainsi les soies et l'épiderme. Au lieu d'employer l'échaudage on procède aussi d'une autre façon : au moyen de torches de paille on brûle les soies et on ramollit l'épiderme, puis on racle comme après l'échaudage ; on obtient par ce moyen une viande moins propre extérieurement mais plus ferme et de plus sûre conservation. Après avoir ainsi nettoyé extérieurement le cadavre du porc on l'ouvre, on extrait les viscères et on le dépèce; c'est alors que l'inspecteur, doit vérifier l'état des organes intérieurs et celui des chairs. Les chèvres, les moutons et les veaux sont généralement insufflés, ensuite dépouillés et ouverts ; les viscères sont séparés et les cadavres divisés ou laissés entiers. Les animaux solipèdes et les grands ruminants sont traités de même ; cependant l'insuflation n'est guère employée pour le bœuf en bon état de chair. Cette pratique a pour but de faciliter l'enlèvement de la peau; elle peut donner momentanément à des viandes inférieures, une apparence trompeuse ; elle n'offre d'ailleurs pas d'autres avantages, et elle peut même nuire dans une certaine mesure à la conservation de la viande, en favorisant sa décomposition par suite de l'introduction de germes aériens dans les tissus.

Quelle que soit l'espèce des animaux, mais surtout quand il s'agit du cheval et du bœuf, l'inspecteur doit assister à certaines opérations de l'habillage, notamment à l'ouverture des cavités thoracique et abdominale, afin de s'assurer de l'état des viscères qu'elles renferment; il est de la plus grande importance qu'il ne laisse rien détourner, qu'il assiste à l'ouverture du cadavre, qu'il inspecte attentivement les viscères et les séreuses pleurale et péritonéale, qu'il examine la viande après l'enlèvement de la peau, alors que le cadavre est suspendu et divisé en moitiés ou en quartiers, qu'il vérifie l'état des véhicules employés pour emporter la viande de l'abattoir et surtout qu'il ne laisse sortir aucune viande qui n'ait été préalablement visitée, reconnue saine et estampillée par lui ou ses subordonnés. Que si l'inspecteur se trouve dans l'impossibilité d'assister à l'ouverture de tous les cadavres, il devra exiger que les bouchers conservent intacts jusqu'au moment de sa visite tous les viscères et les portions de plèvre qu'ils ont parfois l'habitude d'enlever; il prendra toutes les précautions qu'il jugera bonnes pour éviter la substitution, qui, en pareils cas, pourrait être faite par les bouchers qui ont reconnu tel ou tel viscère malade. Une fois la peau enlevée, l'inspecteur constatera aisément l'état de graisse de la viande et les altérations qu'elle présente; il observera souvent, surtout chez les grands ruminants, des ecchymoses plus ou moins étendues et plus ou moins foncées provenant de chocs, de heurts, de coups etc., reçus par les animaux ; il constatera les modifications de couleur et de consistance, que présenteront parfois la graisse et les muscles, l'existence de lésions traumatiques plus ou moins graves et plus ou moins anciennes, l'infiltration des tissus conjonctifs, l'existence de tumeurs sanguines, de tumeurs spécifiques etc.; à lui de juger, d'après la nature des lésions et selon les règles de l'inspection, s'il y a lieu ou non de pratiquer des saisies partielles ou totales. A l'ouverture des cavités splanchniques, il reconnaîtra aisément l'existence des lésionsdiverses qui pourront se présenter sur les séreuses ou sur les viscères, telles que lésions inflammatoires, exsudatives, prolifératives, tuberculeuses, purulentes, congestions, apoplexies, hypertrophies, parasitisme, etc.

Animaux morts. — Dans certains cas le vétérinaire inspecteur sera appelé, à se prononcer, avant même d'avoir assisté à l'autopsie, sur l'utilisation ou la non utilisation d'animaux morts d'accidents ou de maladies, qui seront présentés à l'abattoir à l'état de cadavre. On est d'accord pour admettre qu'il doit refuser toujours de laisser utiliser les cadavres d'animaux morts d'une maladie quelconque, bien que la saignée ait été pratiquée au moment de la mort ou aussitôt après. La viande provenant d'animaux morts de maladie est malsaine et peut être dangereuse; elle est imprégnée de substances médicamenteuses et de produits de déssasimilation engendrés par la maladie, et elle est altérée, elle reste saigneuse, livide, elle se décompose rapidement. Quand le vétérinaire inspecteur se trouvera en présence d'un cadavre déjà refroidi et non saigné, il n'aura même pas à se préoccuper de rechercher la cause de la mort, il devra adopter toujours la même ligne de conduite, c'est-à-dire ne jamais accepter une pareille viande à l'abattoir ni chez les bouchers, peu importe que la mort soit la conséquence d'une maladie ou le résultat d'un accident. Quand le cadavre lui sera présenté saigné, il s'enquerra des causes et circonstances de la mort, ou des motifs pour lesquels l'animal ne lui a pas été présenté vivant; sans ajouter grand crédit aux allégations fournies souvent en vue de le dérouter, il examinera attentivement le cadavre, et au besoin il le laissera travailler afin de mieux s'éclairer par l'examen de la viande et des organes. Il pourra se trouver dans l'une ou l'autre des hypothèses suivantes : Le cadavre est celui d'un animal qui a été saigné en cours de maladie, aux approches de la mort ou après la mort; le cadavre est celui d'un animal saigné au moment où un accident allait le faire périr ou aussitôt après la mort ainsi occasionnée; le cadavre est celui d'un animal mort d'accident et saigné tardivement après la mort. Dans la première hypothèse l'examen extérieur du cadavre permettra souvent de constater des traces d'applications médicamenteuses, des dépilations, des excoriations, des blessures que l'animal avait pu se faire dans le cours de la maladie, des infiltrations, des œdèmes, du ballonnement, le renversement et l'infiltration de la muqueuse rectale, des spumosités à l'entrée des cavités nasales etc. A l'autopsie l'inspecteur ne conservera plus aucun doute, il se prononcera pour la saisie toutes les fois qu'il rencontrera des lésions de maladie grave, toutes les fois qu'il observera les caractères des viandes saigneuses, fiévreuses ou des viandes mortes de maladie (voir plus loin les caractères de ces viandes). Quand il s'agira du cadavre d'un animal saigné au moment où un accident allait le faire périr ou aussitôt après la mort, et quand on aura eu la précaution de l'éventrer à temps, l'inspecteur de la boucherie pourra laisser utiliser la viande et la laisser mettre en vente dans certains cas, lorsque l'examen extérieur du cadavre ne lui révèlera que des traces d'accident récent et lorsque l'autopsie lui aura permis de constater l'absence de lésions graves ainsi que l'absence des caractères des viandes saigneuses, fiévreuses etc. Ainsi et dans ces conditions pourront être utilisés pour la vente, les cadavres d'animaux étranglés (traces du lien autour du cou), assommés (contusions, fractures) dans une chute ou autrement, foudroyés (traces de brûlure), noyés (spumosités dans les voies respiratoires), écrasés et étouffés (contusions, etc.), etc., pourvu que la saignée ait été pratiquée assez tôt, pourvu que l'habillage ait suivi de près, pourvu que la viande ne soit pas saigneuse etc. Que si la saignée a été pratiquée tardivement et si le cadavre n'a pas été éventré, l'inspecteur devra en empêcher l'utilisation ; la viande mal saignée ou non saignée se conserve mal, et le ballonnement se produit vite quand le cadavre n'a pas été ouvert assez tôt. Ainsi l'inspecteur s'opposera à la mise en vente des viandes provenant d'animaux morts d'accident, étranglés, noyés, assommés, étouffés, écrasés, foudroyés, etc., quand la saignée aura été pratiquée trop tard, quand le cadavre aura eu le temps de se ballonner, quand les chairs seront saigneuses etc. Il devra également refuser les viandes d'animaux morts d'accidents, bien que la saignée et l'éventration aient été pratiquées aussitôt après la mort, toutes les fois qu'elles seront trop manifestement saigneuses, sauf à laisser au propriétaire la liberté de les utiliser pour son propre compte quand cela sera possible ; il devra enfin empêcher la mise en vente des viandes provenant d'animaux morts de surmenage ou d'indigestion gazeuse ainsi que celles d'animaux surmenés ou météorisés, saignés aux derniers moments de la vie toutes les fois qu'elles seront altérées, toutes les fois qu'elles seront saigneuses, etc. (Voir plus loin les caractères des viandes surmenées et des viandes provenant d'animaux atteints de météorisation.)

Origine de la viande. — Le vétérinaire inspecteur doit savoir, le cas échéant, reconnaître approximativement l'origine et la qualité d'une viande, d'après l'examen du cadavre dépouillé, travaillé, habillé, découpé en moitiés ou en quartiers, et même d'après l'examen de simples morceaux. L'importance d'une semblable détermination ne saurait être méconnue. Le vétérinaire inspecteur peut, dans certains cas, être consulté à l'effet de savoir si le boucher n'a pas vendu de la chèvre pour du mouton, du taureau ou du cheval pour du bœuf, etc.. Malheureusement il se heurtera souvent à de grandes difficultés et même à une réelle impossibilité dans un grand nombre de cas, quand il n'aura à examiner que des morceaux, quand la date de la mort sera déjà éloignée, quand il devra analyser la composition d'une préparation de charcuterie, d'un saucisson par exemple, quand la viande aura déjà été plus ou moins modifiée par la saumure. La qualité et les caractères des viandes varient avec l'espèce, la race, le sexe, l'âge et le mode de nourriture. Aux caractères tirés de l'anatomie descriptive, il est bon que l'inspecteur des viandes de boucherie joigne ceux que fournissent leur couleur, leur consistance, leur odeur, leur grain, l'état de la graisse, etc.

Viandes des grands ruminants. — Le cadavre du bœuf et de la vache, celui du taureau et celui du veau, dépouillés, divisés en moitiés ou en quartiers, se reconnaissent d'emblée à leur forme générale et à leurs caractères physiques. Les plus grandes ressemblances existent entre la viande du bœuf et celle de la vache; néanmoins les parties antérieures, la tête, le cou, les quartiers de devant, les membres sont, toutes choses égales d'ailleurs, plus forts chez le bœuf que chez la vache; chez le bœuf on trouve généralement des traces du cordon testiculaire, le pénis, les testicules atrophiés et entourés d'une plus ou moins grande quantité de graisse, tandis que chez la vache on aperçoit des vestiges des ligaments larges et des traces des mamelles à tissu jaunâtre plus ou moins foncé, d'où suintent parfois encore des gouttelettes de lait. Chez l'un l'épaule est plus forte, la côte plus large, moins incurvée, et offre à la face interne de son bord postérieur une légère excavation, chez l'autre le bassin est plus large, les os du pubis moins épais et moins bien soudés, le système osseux en général moins développé. D'ailleurs, à défaut des attributs du sexe, il est ordinairement impossible de distinguer la viande du bœuf de celle de la vache, tant se ressemblent les caractères tirés de leur couleur, de leur odeur, de leur grain, de leur graisse, etc.

La graisse est plus ou moins abondante dans le tissu conjonctif sous-cutané (couverture), dans le tissu intermusculaire, périglandulaire, périganglionnaire, dans l'intérieur de certains muscles, au bassin, autour des rognons, etc. La graisse de couverture existe principalement sur les parties supérieures du tronc et sur les masses musculaires groupées autour du bassin, elle est surtout abondante dans les régions dorso-lombaire et lombo-sacrée; elle est plus ou moins épaisse suivant le degré d'engraissement des animaux; et généralement, bien qu'il n'en soit pas toujours ainsi, son abondance est en rapport avec celle de la graisse intérieure et celle de la graisse infiltrée dans le tissu intermusculaire et intramusculaire. Elle est peu abondante et irrégulièrement distribuée sur les animaux non engraissés; elle peut même faire plus ou moins complètement défaut chez les animaux maigres. La graisse des interstices, celle des reins, des épiploons, du mésentère, du bassin, etc., plus ou moins abondantes, doivent, de même que la graisse de couverture, être envisagées non seulement au point de vue de leur quantité, mais encore sous le rapport de leurs caractères physiques.

La graisse du bœuf et de la vache varie, en effet, dans sa fermeté et sa couleur suivant un certain nombre de causes, qui influent plus ou moins sur la qualité de la viande. Elle est généralement ferme et dure après le refroidissement du cadavre, et sa couleur est blanchâtre ou jaune beurre frais; mais sa coloration peut varier suivant les races, suivant l'âge, suivant la nourriture, etc. Ainsi les bœufs italiens et surtout les bœufs africains ont la graisse jaune, tandis que les salers ont la graisse blanche; ainsi les animaux âgés donnent une graisse plus ou moins jaunâtre, tandis que celle des bêtes de 4 à 5 ans est moins foncée; ainsi les animaux nourris au pâturage ont la graisse jaune safran, et ceux qui sont engraissés à l'étable avec des aliments artificiels, avec des tourteaux, donnent une graisse parfois rosée, parfois jaunâtre, légèrement huileuse, et moins ferme. La graisse peut prendre une coloration plus ou moins jaunâtre dans certains cas de maladie du foie; elle est jaunâtre et peut rester mollasse, humide, huileuse malgré le refroidissement chez les animaux vieux, qui ont souffert, celle des interstices épineux des vertèbres, celle du bassin, celle de la face interne des épaules, etc., reste molle et tombe en déliquium. Chez le bœuf et chez la vache la graisse tend à se déposer dans le tissu conjonctif intramusculaire; aussi, quand on incise transversalement un muscle, par exemple l'ilio-spinal, pris sur un animal gras, bœuf ou vache, on constate ce qu'on est convenu d'appeler le marbré ou le persillé, c'est-à-dire un pointillé ou un véritable réseau blanchâtre correspondant à la section du tissu infiltré de graisse et séparant les uns des autres les faisceaux du muscle, qui donnent au fond de la coupe une coloration rouge avec laquelle tranchent les points ou les mailles de tissu graisseux. C'est d'après l'abondance du persillé et du marbré qu'on apprécie l'état d'engraissement des animaux; mais la valeur de ce caractère est loin d'être absolue, car, le marbré et le persillé peuvent faire défaut chez les individus appartenant à certaines races; et d'ailleurs, il y a bon nombre de muscles dans lesquels on ne les rencontre pas.

La viande (le muscle) des grands ruminants adultes est d'un rouge vif, sans différences entre le bœuf et la vache de même race, de même âge et de même qualité; celle des bœufs africains est un peu cuivrée; il y a, du reste, sous ce rapport, comme sous le rapport des caractères de la graisse, des différences suivant les races. D'une manière générale la viande des animaux maigres, celle des animaux âgés, celle des animaux de travail, et les muscles non persillés, ceux des membres, etc., sont plus foncés en couleur, plus rouges ou d'un rouge brunâtre. Il en est de même du jus obtenu par l'expression du muscle ; il est d'un rouge vif chez les animaux adultes, qui ne sont pas amaigris ; celui des animaux vieux et amaigris est plus foncé. La viande et le jus du muscle se montrent plus pâles chez les animaux anémiques. L'odeur de la bonne viande de bœuf et de vache est agréable, un peu aromatique ; c'est une odeur spéciale, qu'on perçoit surtout en pratiquant une coupe ; elle est de la plus grande importance pour reconnaître l'origine de la viande dépecée en morceaux ; elle fait place à une odeur aigrelette, quand la viande commence à s'altérer, et à une odeur fétide, quand elle est en voie de décomposition. Du reste l'odeur peut être modifiée par la maladie et par l'administration de certains médicaments, ainsi que nous le verrons plus loin. La bonne viande de bœuf et de vache est ferme, et elle le devient surtout en se refroidissant de même que la graisse ; celle des animaux amaigris, anémiques, cachectiques est moins ferme. Le temps sec et frais augmente et prolonge la fermeté de la viande, tandis que le temps chaud et humide la diminue et en abrège la durée. Une viande tuée de la veille ou de l'avant-veille se cuit mieux et est plus tendre à la dent, tandis que celle du jour reste plus dure ; celle des animaux âgés, maigres, se cuit moins bien, reste plus dure, est moins savoureuse et moins nutritive. La viande de bœuf et de vache de bonne qualité se coupe facilement ; elle résiste davantage quand elle provient d'animaux vieux, maigres, ou de certaines régions. C'est à la coupe qu'on juge de la finesse du grain, qui n'est autre chose que cette sorte de mosaïque visible après l'incision transversale d'un muscle, et formée de polygones correspondant à la section des faisceaux musculaires. Le grain de la viande varie suivant les races ; il est généralement moins fin chez les animaux âgés, chez les bœufs chatrés tard ; il est plus fin chez le bœuf et chez la vache que chez le taureau et le cheval ; il est plus grossier dans les muscles de certaines régions, notamment dans ceux des parties antérieures du corps. Chez le bœuf et la vache les surfaces articulaires sont d'un blanc rosé ; la moëlle des os longs est blanchâtre, et elle se fige rapidement quand les animaux ne sont ni maigres ni malades ; tandis qu'elle est jaunâtre et reste diffluente, gélatiniforme, chez les animaux très maigres.

Le taureau, suivant son âge et son état d'embonpoint, donne une viande de boucherie plus ou moins bonne, qui se reconnaît aux caractères suivants : absence plus ou moins complète de graisse en couverture ; aspect extérieur du cadavre et des quartiers d'un blanc nacré avec reflet legèrement bleuâtre ; densité plus accusée et coloration blanche du tissu conjonctif ; coloration blanche de la graisse quand il y en a ; brièveté et épaisseur du cou et des membres ; épaisseur des quartiers de devant et de la poitrine ; rotondité de la cuisse, qui est rebondie du côté interne ; volume considérable des muscles des membres ; absence du pénis et des testicules, que le boucher s'empresse d'enlever généralement; traces plus ou moins apparentes du muscle ischio-caverneux; volume considérable du cordon et de l'artère testiculaires; coloration rose foncé des surfaces articulaires; coloration de la viande variant avec l'âge, rouge brunâtre plus ou moins foncé quand le taureau a dépassé l'âge de 2 ou 3 ans et a fait plus ou moins longtemps la saillie, pâle, lavée, décolorée, quand l'animal est jeune; consistance très accusée, fermeté et dureté du muscle, qui résiste sous l'instrument et se montre plus difficile à couper que celui du bœuf; surface de la coupe rugueuse au toucher; absence de marbré et de persillé; épaisseur considérable des faisceaux musculaires, grain fort et grossier; odeur spéciale, plus forte et moins agréable que celle de la viande de bœuf. Les animaux châtrés tard présentent, plus ou moins atténués, les caractères précités. La coloration de la viande de taureau âgé peut se rapprocher plus ou moins de celle de la viande de cheval; mais le muscle du premier est plus ferme, plus dur, plus dense que celui du second.

La viande de taureau jeune peut se montrer assez garnie de graisse; elle est de bonne qualité; mais celle du taureau âgé est inférieure à celle du bœuf et de la vache. Celle-ci donne, à conditions égales d'âge, de race, d'embonpoint, une viande aussi bonne que le bœuf; tandis que les vieilles vaches, épuisées par la lactation, ne fournissent qu'une viande de qualité inférieure. La cuisson peut fournir aussi des caractères différentiels; généralement la viande des animaux âgés et maigres se cuit lentement et reste coriace; le bouillon est moins aromatique et moins riche en œils. La viande de taureau est aussi plus dure à cuire que la bonne viande de bœuf ou de vache; le bouillon a un parfum et une saveur moins agréables; il est moins riche en œils. Contrairement au taureau, la génisse donne une chair tendre, savoureuse, à odeur agréable, à coloration peu foncée, à graisse très blanche, à muscle facile à couper et à grain fin, etc.; il est du reste facile de reconnaître le cadavre et les quartiers de la génisse à l'absence des caractères reconnus à ceux du taureau, aux attributs du sexe, etc.

La viande de veau offre des caractères qui varient avec l'âge; à six semaines, deux mois, trois mois, le veau fournit une bonne viande. On appréciera l'age de l'animal à sa taille, à son poids, au développement des quartiers et des muscles, à l'état des viscères, aux caractères du muscle et de la graisse, etc. Le veau avant terme donne une chair molle, pâle, gélatineuse ; les surfaces articulaires sont rouges, la moëlle des os est rouge et molle. Les veaux à terme donnent une viande qui a assez bonne apparence quoique pâle ; la graisse des interstices est peu abondante et offre un aspect granuleux. De la naissance à quatre ou six semaines des modifications importantes se réalisent. D'une manière générale, les veaux au dessous de quinze à vingt jours fournissent une viande terne; les muscles offrent parfois des taches brunes et laissent suinter un liquide jaunâtre; la graisse, s'il y en a, est terne et grisâtre ; les reins prennent une teinte noirâtre et présent une enveloppe molle et jaunâtre; les surfaces articulaires sont d'un rose tendre. Le veau en naissant a la bouche violacée, il a quatre dents à la mâchoire inférieure; les rognons sont noirâtres. Le veau de lait de un à huit jours est mauvais; il a la graisse bistre. Le veau de quinze jours a la bouche rouge, il a huit dents; les rognons sont brunâtres; la graisse est d'un gris jaunâtre. A trois semaines la graisse devient belle et ferme, la bouche presque blanche, les dents régulières et également hautes, les rognons jaunes-rosés. Après trois semaines la bouche et les dents deviennent blanches; la viande prend de la graisse, les surfaces articulaires deviennent bleuâtres, les rognons sont rouge clair, la graisse est blanche et ferme; le cornillon devient de plus en plus saillant et ferme avec l'âge. Le veau de boucherie, pour être bon, doit avoir de quatre à six semaines, à deux ou trois mois. Celui qui a été élevé avec le lait de la mère donne, toutes choses égales d'ailleurs, une chaire supérieure à celle du veau nourri avec la farine. Les caractères auxquels on reconnaît généralement la viande de veau sont les suivants : volume des quartiers, des muscles, des os, etc.; coloration d'un blanc gris ou légèrement rosé du muscle, qui est d'autant plus avivé en couleur qu'il provient d'animaux plus avancés en âge, ou d'animaux soumis à l'allaitement artificiel avec les farineux, ou d'animaux malades ou fatigués, et qui est d'autant plus pâle et plus terne que le veau était plus jeune; odeur fraiche, spéciale, tournant d'autant plus facilement à l'aigre que la viande provient d'animaux plus jeunes; graisse rare en couverture, plus abondante dans les interstices et dans l'intérieur, au pourtour des rognons, blanche, ferme, rosée ou un peu jaunâtre chez les veaux qui ont dépassé deux ou trois mois et chez ceux qui ont été élevés artificiellement, ainsi que chez ceux qui ont souffert, ou qui ont été fatigués surmenés, grisâtre, molle et grenue chez les animaux trop jeunes; consistance d'autant moins prononcée que l'animal est plus jeune; coupe facile, grain délicat; absence de persillé ; faisceaux musculaires fins ; tissu interfasciculaire lâche et mou ; surfaces articulaires d'un bleu plombé. La viande de veau se cuit vite; celle de la génisse est préférable à celle du taurillon âgé de quelques mois.

VIANDE DES PETITS RUMINANTS. — La viande des petits ruminants se reconnaît aisément au faible volume du cadavre, des moitiés ou des quartiers, des muscles, des os, et à ses caractères physiques. Il est également facile de reconnaître le sexe d'après l'examen de la région des organes génitaux.

La viande du mouton et de la brebis a une coloration rouge vif, quelquefois jaunâtre (ictère) ou pâle et blafarde (animaux cachectiques). Elle est dense, ferme, non persillée; elle se coupe nettement, son grain est fin et serré ; les fibres sont serrées ; le tissu interfasciculaire est dense. Elle exhale une odeur spéciale, fraîche, aromatique, agréable. La graisse, plus ou moins abondante en couverture, dans les interstices et à l'intérieur, est ferme et d'un blanc nacré, quelquefois un peu jaunâtre et molle (cachexie). Le peaucier est ordinairement d'un rouge vif. La chair des bêtes ovines (mouton et brebis) donne à la cuisson une odeur spéciale et a une saveur particulière, qui ne permettent pas de la confondre avec d'autres. Le mouton donne une viande d'autant plus fine et d'autant plus estimée qu'il a été châtré plus jeune et que les testicules sont plus complétement atrophiés ; celle des moutons, qui ont encore des testicules volumineux, incomplètement atrophiés, est moins fine, moins tendre, moins agréable au goût, etc.. L'agnelle, la jeune brebis, donnent une chair tendre, fine, préférable à celle du mouton ; mais les vieilles brebis, qui ont porté souvent, fournissent une viande moins recherchée, plus dure, etc. ; celle des animaux nourris avec des tourteaux a un goût spécial et désagréable.

La chèvre est souvent vendue comme du mouton ; cependant sa chair est inférieure, et il est possible à un œil exercé d'établir la différence qui existe entre la viande de cet animal et celle du mouton. La chèvre s'engraisse plus difficilement que le mouton ; elle prend généralement moins de graisse en couverture ; chez elle la graisse se dépose surtout à l'intérieur, autour des rognons et sur l'épiploon. Le cadavre de la chèvre offre généralement une teinte plus foncée que celui du mouton ; le peaucier apparaît d'un rouge brun ; les apophyses des vertèbres sont plus saillantes, le ventre plus levreté, la poitrine plus haute, aplatie d'une côté à l'autre et moins arrondie, les quartiers de derrière plus longs, le gigot plus droit et moins fourni, le cou plus long et plus grêle. La graisse moins abondante surtout à l'extérieur, est ordinairement moins blanche, un peu jaune et tache plus facilement les doigts; cependant elle peut se présenter à peu de choses près avec les mêmes caractères que chez le mouton, quand il s'agit d'animaux jeunes et gras; c'est principalement chez les vieilles bêtes maigres que la graisse est plus ou moins jaunâtre et huileuse. Comme la chair du mouton, celle de la chèvre est ferme et sans persillé ; sa coloration est plus foncée et devient brunâtre ou noirâtre au contact de l'air; elle est plus dure, plus difficile à cuire ; son grain semble moins fin ; son odeur est moins agréable; elle est moins savoureuse, moins agréable au goût, plus coriace. Les différences sont moins accusées, quand il s'agit de chèvres jeunes et grasses, dont la chair peut-être excellente.

Les béliers et les boucs non châtrés, que l'on reconnaîtra surtout aux attributs du sexe, ont le cou plus fort, plus épais, les quartiers de devant plus massifs, la chair plus foncée quand ils sont âgés et surtout plus grossière, la graisse moins abondante; ils donnent une viande moins tendre, plus dure, plus coriace, à odeur moins agréable ou même désagréable, d'une cuisson plus difficile et d'un goût spécial.

Les agneaux et les chevreaux donnent, comme les veaux, une chair pâle et tendre, dont les qualités varient aussi avec l'âge des individus. A deux mois, trois mois et même à un mois leur viande peut être consommée ; on la reconnaît au faible volume du cadavre, des moitiés, des quartiers, des muscles, des os, et à ses caractères physiques. Elle est pâle, grisâtre, blanche, ou d'un blanc rosé suivant l'âge;

elle est plus ou moins ferme, d'autant plus ferme que l'animal est plus âgé ; la graisse est plus ou moins abondante, grise ou blanche et plus ou moins ferme. La viande de l'agneau et du chevreau de lait est tendre, elle se cuit facilement, elle est agréable à manger quand elle est fournie par des sujets qui ne sont pas trop jeunes ; tandis que celle des animaux trop jeunes, celle des animaux tués avant l'âge de 15 jours, de trois semaines ou d'un mois est peu agréable, peu alibile, laxative ; elle se reconnaît au peu de volume des muscles, à l'état des os et des surfaces articulaires, à sa mollesse et à sa pâleur ; elle doit être saisie comme celle des veaux trop jeunes.

VIANDE DE PORC. — Il n'y a aucune difficulté pour reconnaître le cadavre entier ou divisé par moitiés, par quartiers ou par morceaux recouverts de lard et de couenne ; même en dehors de ces hypothèses la viande de porc fraîche ou salée ou fumée est reconnue aisément, quand on a à examiner un morceau assez volumineux. La chair du porc, lorsqu'elle est fraîche, offre les caractères suivants : brièveté du cou et des membres ; coloration rosée, blanchâtre, grisâtre ou rouge pâle des muscles, qui sont pourtant plus foncés et plus fermes dans les régions des membres, tandis qu'ils sont moins fermes et plus onctueux au toucher dans les régions du tronc, où ils sont plus entourés et plus pénétrés de graisse ; grain fin et serré, marbré très prononcé dans les régions du tronc, chez les porcs en état de graisse ; odeur spéciale, agréable ; graisse abondante en couverture (lard) et à l'intérieur ainsi que dans les interstices, blanche, ferme mais non résistante, fondant entre les doigts ; lard d'autant plus grossier, plus dur, et plus coriace, qu'il provient d'animaux vieux, châtrés tard, de verrats ou de vieilles truies ; cuisson facile, saveur spéciale et agréable. Les caractères et la qualité de la viande de porc, comme celle des autres animaux, varient avec les races, avec la nourriture, avec le sexe et avec l'âge. Les porcs nourris avec des grains, des farines, des pommes de terre, des châtaignes, des glands, donnent une graisse ferme et une chair rosée excellente ; ceux qui ont été nourris avec des soupes, des débris de poisson, des viandes d'équarrissage, fournissent une chair moins bonne, plus pâle, terne, blafarde ; la viande des porcs, âgés de 18 mois à 2 ans, qui ont été châtrés jeunes, est la meilleure ; celle du verrat et du mâle châtré vieux est dure, coriace, désagréable à l'odeur et au goût. (Pour les caractères de la viande de porc salée et fumée voir le chapitre relatif à la charcuterie).

Viande de cheval. — Le cheval, l'âne et le mulet, devenus animaux de boucherie (utilisés pour la consommation à l'état de viande fraîche ou à l'état de charcuterie, saucisson, etc)., n'étant destinés à cette fin qu'autant qu'ils sont vieux, usés, hors de service pour une cause quelconque, ne fournissent jamais une viande de qualité supérieure, ni même de qualité moyenne ; le plus souvent ils ne donnent qu'une viande inférieure ; aussi est-il important de savoir reconnaître les fraudes ou substitutions qui peuvent être commises par des marchands de mauvaise foi. Outre les caractères tirés de l'anatomie descriptive des os, des muscles et des organes, la chair des solipèdes se distingue de celle des autres animaux de boucherie par l'aspect du cadavre et des quartiers et par les caractères suivants : coloration foncée, rouge brunâtre, devenant rouillée à l'air, se fonçant du jour au lendemain, devenant presque noirâtre, variant du reste suivant les régions, suivant la date de la mort, et suivant que la saignée a été plus ou moins parfaite; dureté et résistance à la coupe; fermeté variable, quelquefois mollesse (animaux maigres) plus ou moins prononcée; grain plus grossier que chez le bœuf; absence de persillé, odeur spéciale, moins agréable que celle de la viande de bœuf; canal médullaire des os moins grand que chez le bœuf, rempli par une moelle un peu huileuse, jaunâtre; graisse extérieure peu abondante ou faisant complètement défaut; graisse existant à l'intérieur, quelquefois très abondante sur les parois du ventre, ce qu'on n'observe pas chez le bœuf; graisse plus jaune et moins consistante que chez le bœuf, mollasse, se fonçant rapidement et fondant plus facilement entre les doigts; intersections tendineuses et aponévrotiques plus marquées; cuisson lente, bouillon huileux, saveur moins agréable que celle de la viande de bœuf. Le saucisson fait avec de la viande de cheval est foncé et presque noirâtre à la coupe.

En cas d'embarras pour arriver à déterminer l'origine d'une viande dépecée on pourra, non seulement recueillir et analyser les caractères anato miques et physiques qu'elle présente à l'examen direct et à la coupe ; mais on pourra encore recourir à la cuisson, à l'effet de constater les modifications qu'elle subit, son odeur, sa saveur, les caractères du bouillon, etc. ; on se procurera des termes de comparaison, on examinera comparativement de la viande d'origine sûre en se plaçant dans les mêmes conditions que pour vérifier les caractères de celle qu'on veut déterminer. On pourra même, mais sans en attendre une grande précision, recourir à l'emploi de l'acide sulfurique, qui attaque la viande et dégage, en agissant sur elle, une odeur, qui peut mettre sur la voie de la vérité, en rappelant, dans une certaine mesure, celle de l'habitation de l'espèce, animale, à laquelle appartient la chair sur laquelle on agit. (Voir le chapitre de la charcuterie pour de plus amples détails.)

Abats. — Les viscères, abats ou issues comprennent des organes plus ou moins appréciés des consommateurs, et leurs caractères varient d'ailleurs suivant les espèces et suivant l'âge des animaux.

Le poumon des solipèdes se reconnait à sa coloration rosée et au peu d'épaisseur du tissu conjonctif interlobulaire ; celui des grands ruminants est reremarquable entre tous par l'aspect quadrillé, que lui donnent l'abondance et l'épaisseur du tissu interlobulaire ; celui du porc offre pareillement un aspect quadrillé, mais à un degré moins accusé ; celui de la chèvre est aussi un peu quadrillé, mais encore moins que celui du porc ; enfin celui du mouton est lisse, à aspect quadrillé moins manifeste. Les poumons des solipèdes sont échancrés à leur bord inférieur; ceux des grands et petits ruminants et ceux du porc sont divisés, le gauche en deux lobes, et le droit en quatre lobes; d'ailleurs les divers poumons, hormis ceux du veau, du porc, de l'agneaut sont fort peu recherchés.

Le cœur du cheval est déprimé d'un côté à l'autre; il a une coloration d'un brun terreux; la graisse des sillons est jaune. Le cœur de l'âne et celui du mulet sont plus pointus. Celui du bœuf est plus long et plus régulièrement conique; il renferme deux petits os aortiques et présente trois sillons longitudinaux; la graisse est moins jaune et plus ferme. Celui du veau est moins foncé en couleur. Celui du mouton et celui de la chèvre ont une coloration brun foncé, et la graisse des sillons est généralement plus blanche chez le mouton que chez la chèvre. Enfin le cœur du porc ressemble par sa forme à celui du cheval, et sa graisse est blanche. Le cœur, de même que le poumon, n'est pas généralement un mets recherché.

Le foie de veau, qui offre une coloration plus claire que celui des bovins adultes, est tendre; il s'écrase facilement sous le doigt; il constitue un aliment de premier choix. Celui du porc, quoique moins recherché, est encore un aliment fort passable; il est reconnaissable à sa coloration brunâtre, à son aspect quadrillé et grenu, à la délimitation très apparente de ses lobules, qui donnent à la main la sensation de petites saillies, à sa division en trois lobes. Les foies du cheval, du bœuf, du mouton, de la chèvre sont, avec raison, considérés comme aliments de qualité inférieure. Celui du cheval est foncé, d'un brun bleuâtre ou violacé ; il s'écrase facilement sous la pression ; il est ellipsoïde, aplati, épais au centre et mince sur ses bords, dépourvu de vésicule biliaire et divisé en trois lobes. Celui du bœuf est plus dur, plus volumineux, très épais dans sa partie supérieure, non divisé en lobes, d'un brun chocolat ou violacé, quelquefois pâle, pourvu d'une vésicule biliaire. Le foie du mouton et celui de la chèvre sont d'un brun foncé, durs et fermes, divisés en deux lobes et pourvus d'une vésicule biliaire.

La rate est loin d'être un morceau de choix, ses caractères, sa forme surtout varient avec les espèces. Celle des solipèdes est en forme de faux, épaisse et large à sa base, mince sur son bord convexe, épaisse sur son bord concave ; sa pointe est mince et mousse ; sa coloration est gris bleuâtre ; sa surface est grenue et comme chagrinée. La rate des grands ruminants est allongée, arrondie à ses extrémités et également large dans toute son étendue. Celle du porc est longue et étroite, de forme prismatique, à base triangulaire, d'un rouge brun, à aspect grenu ; celle du mouton est petite, presque triangulaire, d'un rouge brun et grenu ; celle de la chèvre est encore plus petite, ovale et plus pâle, grisâtre.

Les rognons les plus recherchés sont ceux du veau ; ceux des autres animaux sont rangés dans les viandes inférieures. Les reins des solipèdes ont le hile sur leur bord interne ; ils sont aplatis, rouge brunâtre ; le droit ressemble à un cœur de carte à jouer et le gauche à un haricot. Ceux des grands ruminants sont allongés, lobulés, composés de quinze à vingt lobes, rougeâtres ou pâles, suivant l'âge; le hile est large et placé à la face inférieure. Les reins du porc ont une coloration brun clair et ressemblent à un haricot aplati; ceux du mouton et de la chèvre ressemblent aussi à un haricot, présentent le hile sur leur bord interne; leur coloration est brunâtre.

La langue du bœuf se distingue de celle du cheval par sa forme, par le volume de ses muscles et surtout par ses papilles très saillantes. Enfin la cervelle du bœuf se reconnaît à ses circonvolutions plus larges mais moins nombreuses que chez le cheval.

QUALITÉ DE LA VIANDE. — Avant d'indiquer les conditions ou les caractères auxquels on reconnaît généralement une viande de bonne, de moyenne, ou de basse qualité, il importe de se demander si les administrateurs ont le devoir et le droit de s'immiscer dans la distinction des catégories en vue d'éclairer les consommateurs. Certaines municipalités ont eu et ont encore la prétention de marquer les viandes suivant leur qualité. Or, il est de toute évidence qu'une semblable manière de faire n'a pas sa raison d'être. Les maires n'ont à intervenir que comme gardiens de la salubrité publique et de la fidélité du commerce; ils doivent prévenir la fraude et le vol; ils ont le devoir de faire éliminer de la consommation les viandes insalubres; mais il n'entre pas dans l'esprit et il n'est pas dans la lettre de la loi de leur accorder le droit de faire des catégories ni d'appliquer des marques spéciales sur la viande, en vu d'éclairer les consommateurs sur la qualité;

et s'il en était autrement, l'administration ferait de la réclame à certains bouchers, ce qui constituerait les autres dans un état d'infériorité. Aussi ai-je toujours considéré comme un abus de pouvoir l'intervention des municipalités de Marseille et de Montpellier dans l'appréciation de la qualité de la viande et la désignation spéciale qui en résulte de certains bouchers à la faveur du public. D'ailleurs la distinction des qualités de la viande ne repose pas sur des caractères absolument univoques, elle est plus ou moins arbitraire et, qui plus est, on est loin de s'entendre pour savoir où finit la bonne qualité, où commence la moyenne, etc.

Le droit des maires de veiller à la fidélité du commerce doit être entendu dans un sens restreint; il leur est permis de prévenir la tromperie sur la nature de la marchandise et notamment sur l'origine de la viande ; il leur est permis d'obliger les débitants à ne pas vendre de la chèvre pour du mouton, du cheval ou du taureau pour du bœuf, d'exiger que ces viandes soient désignées aux acheteurs par une affiche; mais, je le répète, il ne leur appartient pas de déterminer la qualité des diverses viandes ayant la même origine, pas plus qu'il ne leur appartient d'intervenir dans l'appréciation de la qualité des autres marchandises.

Pour apprécier la qualité d'une viande, il faut prendre en considération l'espèce de l'animal qui l'a fournie, sa race, son âge, son sexe, son mode et son degré d'engraissement, son état de santé et la région du corps d'où elle provient. Ainsi la viande des grands ruminants est la meilleure pour ses propriétés alibiles; celle du mouton est plus estimée que celle de la chèvre; celle du cheval est la moins recherchée. Ainsi, les bœufs appartenant à la race limousine sont plus prisés que ceux de la race garonnaise. Ainsi, certains moutons africains fournissent une viande moins estimée que celle des moutons français en général. Ainsi, les animaux jeunes donnent une viande tendre et savoureuse mais moins alibile que celle des animaux adultes; celle des animaux âgés est plus coriace. Ainsi, les animaux engraissés au pâturage fournissént une viande plus agréable que celle des animaux engraissés à l'étable avec des tourteaux, des résidus, etc. Ainsi, la viande du train postérieur est préférable à celle du train antérieur. Ainsi, l'abondance de la graisse en couverture, dans les interstices et à l'intérieur devra surtout entrer en ligne de compte pour l'appréciation de la qualité de la plupart des viandes; il en est de même du persillé et du marbré qui varient néanmoins beaucoup suivant les régions du corps, les races et suivant le mode d'engraissement. On prendra également en considérationla couleur et la consistance de la graisse.

En tenant compte de toutes les conditions qui viennent d'être indiquées, on reconnaît dans chaque espèce des viandes de bonne, de moyenne, de basse qualité; il va sans dire du reste que des nuances nombreuses peuvent exister dans chaque qualité, que les viandes bonnes sont plus ou moins bonnes, que les moyennes se rapprochent plus ou moins des bonnes ou des viandes basses, et que ces dernières sont plus ou moins inférieures, quelquefois même mauvaises. La viande de bœuf et de vache de bonne qualité se reconnaît : à l'abondance de la graisse en couverture, au pourtour des rognons, dans le bassin, dans les interstices et dans les muscles (persillé, marbré) ; à la consistance et à la coloration blanche ou jaune beurre frais de la graisse ; à la coloration rouge vif et au grain fin du muscle, etc. On sera obligé de se contenter de ces indications quand on aura à examiner des morceaux ; mais pour apprécier exactement la qualité de la viande il faudrait faire entrer en ligne de compte la race, le sexe, l'âge et le mode d'engraissement. Après l'âge de sept à huit ans, les bœufs ne donnent pas de la viande de qualité supérieure ; il en est de même des vaches qui ont dépassé sept ans et qui ont fait un certain nombre de veaux. Le taureau ne donne pas de la viande de premier choix. La viande de bœuf et de vache de qualité moyenne se reconnaîtra : à la moindre abondance de graisse en couverture, au pourtour des rognons, dans le bassin, dans les interstices et dans les muscles ; quelquefois à la coloration plus jaune de la graisse, à la coloration plus foncée et au grain moins fin du muscle, etc. Les bœufs âgés, châtrés tard, incomplètement engraissés, les vaches âgées qui ont porté souvent ou qui ont été utilisées pour la production du lait, les vaches mal engraissées, les taureaux jeunes et gras donnent de la viande de moyenne qualité, plus dure et moins savoureuse que celle de bonne qualité. Enfin les taureaux qui ont dépassé trois ans, généralement dépourvus de graisse bien qu'en bon état de chair, les bœufs et vaches âgés, maigres, donnent de la viande de qualité inférieure qui se reconnaît à l'absence plus ou moins complète de graisse en couverture, dans le bassin, autour des rognons, entre les apophyses épineuses des vertèbres, etc., à la coloration généralement foncée et au grain grossier du muscle, etc.

Le veau de six semaines et au-delà, nourri avec du lait est de qualité supérieure quand sa viande est blanche ou d'un rose pâle et ferme, quand sa graisse est bien répartie dans les interstices et autour des rognons, quand elle est blanche et ferme. La viande de qualité moyenne est fournie par les veaux âgés de trois à quatre mois, sevrés de bonne heure, élevés artificiellement; elle est moins blanche, plus rosée, plus foncée. Enfin, on considère comme étant de qualité inférieure la viande des veaux jeunes et celle des veaux âgés et maigres, celle qui est pâle, grisâtre, molle, celle dont la graisse est rare et grisâtre, celle qui est maigre et foncée en couleur.

Les qualités de la viande du mouton et de la brebis se reconnaissent à l'abondance et aux caractères de la graisse, à la coloration plus ou moins foncée du muscle, à la forme et à l'épaisseur du gigot, à l'état des lombes, aux zébrures que forme sur le dos le panicule charnu, au sexe, à la castration plus ou moins tardive, au mode de castration, à l'atrophie plus ou moins complète des testicules, à l'âge, à la race, au mode d'engraissement. Chez le porc, la qualité est indiquée par l'abondance du lard et sa fermeté, par la coloration rosée ou pâle du muscle, etc. Le porc châtré tard, le verrat, la vieille truie, les animaux âgés et maigres ne fournissent que de la viande inférieure.

A conditions égales de race, d'âge, de sexe, d'embonpoint, etc., une viande est d'autant plus alibile, d'autant plus facile à cuire, d'autant plus savoureuse et partant plus estimée qu'elle provient d'une région à muscles épais, infiltrée de graisse et pauvre en intersections tendineuses. En tenant compte de la région du corps on divise les viandes quelle que soit leur qualité, quel que soit le degré d'engraissement de l'animal d'où elles proviennent, en trois catégories ; on range dans la première les morceaux les plus estimés, ceux provenant des régions sous-lombaires (filet) et sus-lombaires (noix de côte), et des régions de la partie supérieure du train postérieur ; la seconde catégorie comprend les muscles de l'épaule et ceux de la région costale ; le cou, la tête, les muscles abdominaux, ceux de la jambe et du bras forment la troisième catégorie.

CHAPITRE IV.

Inspection des viandes au point de vue de leur salubrité. — Viandes insalubres.

L'inspection des viandes et des issues, au point de vue de leur salubrité, doit porter, non seulement sur celles qui ont été préparées à l'abattoir ou dans les tueries de la localité, mais aussi sur celles qui proviennent d'animaux tués en dehors de la ville et qui y sont importées pour y être vendues au public dans les halles et marchés, ou dans les étaux des bouchers ou même sur la voie publique par des individus qui se chargent de les colporter. L'inspection des viandes introduites mortes en ville s'applique à celles qui sont fraîches (viandes foraines) et qui sont envoyées généralement des environs et à celles qui sont importées des pays étrangers après avoir été soumises à un procédé de conservation. L'introduction des viandes préparées au dehors, fraiches ou conservées offre des avantages quand on l'envisage au point de vue économique ; elle rend des services à la population, qui y trouve un aliment à meilleur marché. Mais elle offre aussi des inconvénients et des dangers, quand on se place au point de vue de la salubrité publique, car elle échappe forcément dans une certaine mesure au contrôle véritablement efficace de l'inspecteur, qui, privé de renseignements sur les antécédents des animaux et sur l'état des viscères, se trouve assez souvent dans l'impossibilité de reconnaître si telles ou telles viandes proviennent d'animaux atteints de quelque maladie grave, et peut plus d'une fois en laisser vendre ainsi qu'il aurait saisies à l'abattoir où son examen est plus complet. S'il est vrai que certains bouchers de la campagne envoient à la ville de bons morceaux dont ils ne trouvent pas toujours le placement parmi leurs clients ; il est également vrai qu'on tue, dans la banlieue où l'inspection ne se fait pas, des viandes tuberculeuses ou autres, qui seraient saisies à l'abattoir, et qui, une fois bien appropriées, seront introduites et vendues en ville. Quoiqu'il en soit, il y a lieu de tolérer l'introduction des viandes dites foraines et de la réglementer de manière à ne pas les laisser échapper à la vérification, de manière à en rendre l'inspection la plus sérieuss et la plus efficace possible. On ne peut raisonnablement exiger que les importateurs introduisent les cadavres entiers ou divisés en moitiés avec viscères y attenant; quant à exiger que ces viandes, au lieu d'être divisées en morceaux, soient introduites par quartiers avec une portion des viscères, cela semble tout aussi irrationnel bien que plus facile à pratiquer. On empêcherait ainsi l'introduction des morceaux de choix qui n'ont pas trouvé acheteurs dans la campagne et on ne puiserait dans cette mesure qu'une garantie illusoire, car les importateurs auraient bien le soin de ne pas laisser la portion de viscères qui pourrait mettre l'inspecteur sur la voie de la vérité, ou de ne pas présenter les quartiers auxquels adhèrerait l'organe malade. Le moyen le plus sûr consisterait à exiger que les viandes introduites préparées fussent estampillées par un vétérinaire du lieu de provenance et accompagnées d'un certificat de salubrité délivré par ce vétérinaire, qui aurait assisté à l'abatage et à l'habillage de l'animal. Malheureusement l'application de ce moyen se heurte à de graves difficultés; le vétérinaire peut se trouver éloigné, trop éloigné pour arriver à temps et voir abattre un animal sur le point de mourir d'un accident, qui ne rend pas la viande inutilisable; d'ailleurs, les vétérinaires les plus consciencieux délivreraient plus d'une fois des certificats de salubrité malgré l'existence de certaines affections plus ou moins graves car on est loin de s'accorder sur les maladies ou les degrés de maladie qui rendent la chair inutilisable. On doit donc laisser introduire, sans recourir à aucune des mesures précitées, les viandes de bœuf, de vache, de taureau, de veau, de mouton, d'agneau, de chèvre, de chevreau, de porc (à l'exception de celle de cheval), préparées au dehors, les issues et débris utilisés pour la triperie, les préparations de charcuterie, les viandes de conserve, etc.. Les importateurs devront être autorisés par l'administration ; ils devront introduire leur marchandise enveloppée dans des linges propres par une des barrières ou avenues de perception de l'octroi qui y mettra son timbre et consignera, sur le bulletin qu'il délivrera, l'origine et le poids de la viande introduite; ils conduiront, sans en distraire aucun morceau, la viande introduite au lieu fixé (halle, abattoir, etc.), pour l'inspection. Le vétérinaire devra se montrer très circonspect et très sévère ; il examinera chaque morceau de viande avec le plus grand soin, constatera sa couleur, son aspect, son odeur, sa fermeté, fouillera dans les interstices des muscles, étudiera les ganglions, pratiquera des coupes à travers les muscles, recherchera les lésions (ecchymoses, infilrations, etc.), qu'on rencontre le plus souvent dans la chair, et en déterminera la nature en se servant du microscope, etc. ; quand il soupçonnera, sans pouvoir l'affirmer, que la viande provient d'un animal atteint d'une affection grave, il devra non pas s'abstenir mais saisir.

L'importation des viandes étrangères qui doit également être tolérée sous certaines conditions, exige la mise en œuvre d'un des divers procédés employés pour assurer leur conservation. Ces procédés sont nombreux; ils consistent dans l'emploi du froid, de la chaleur, de la salaison, de la dessiccation, de la fumaison, d'agents conservateurs, tels que l'acide borique, le biborate de soude, l'acide sulfureux, la créosote, etc., de l'enrobage avec la gélatine, avec les corps gras, etc. Par l'application du froid on peut conserver à la viande, sans addition d'aucune substance étrangère; sa couleur, sa saveur, sa forme et son aspect, il suffit de maintenir le local dans lequel elle est contenue à la température de — 1°, 0°, + 1°, + 2°, en vaporisant comme dans le procédé Tellier, de l'éther méthylique pour refroidir une solution de chlorure de calcium que l'on fait circuler ensuite dans des réservoirs contre les surfaces desquels un ventilateur fait passer un courant d'air qui se refroidit jusqu'à 0° et dépose son eau en givre pour circuler ensuite dans les compartiments où se trouve la marchandise. Les viandes ainsi traitées se conservent fraîches pendant des semaines et des mois, elles ont une odeur normale et une belle apparence; la surface seule des coupes devient à la longue sombre, sèche et parcheminée. Le refroidissement constitue un excellent procédé. On reçoit à Paris dans un état de fraîcheur parfaite des viandes de mouton, des poules et des gibiers conservés par un refroidissement à + 2°. La congélation a été employée aussi; mais les viandes conservées par le refroidissement et surtout celles qui ont été congelées doivent être vendues et utilisées sans retard après leur sortie des chambres réfrigérantes, autrement elles s'altèrent vite, se moisissent et exhalent bientôt une mauvaise odeur. On conserve la viande de même que bien d'autres denrées alimentaires en la chauffant (procédé Appert) à 100° ou au delà, dans des boîtes placées dans un bain-marie et scellées après l'élimination de l'air. La salaison conserve bien la viande, mais elle en modifie la composition et le goût, la rend moins alibile, plus dure et plus indigeste. La dessiccation et la fumaison la rendent moins agréable et plus coriace. Depuis très longtemps le boucanage ou dessiccation à la fumée est employé pour conserver les viandes de boucherie et le poisson. Les viandes fumées, desséchées à la fumée obtenue en brûlant des bois divers tels que génévrier, laurier, oranger, citronnier, romarin, bouleau, hêtre, chêne, etc., sont ratatinées, dures, ternes; elles se conservent longtemps; leur coupe est d'un rouge plus ou moins foncé et leur odeur généralement agréable, quelquefois aigrelette quand elles sont altérées. L'extrait Liebig est un bon condiment mais un aliment incomplet; certains agents conservateurs modifient l'aspect de la viande, d'autres la rendent désagréable ou même dangereuse. En général les viandes de conserve, le bœuf salé, le porc salé, etc., sont moins bonnes que les viandes fraîches et moins nutritives. Mais quel qu'ait été le procédé mis en pratique le vétérinaire inspecteur se préoccupera surtout de l'état de conservation et de la salubrité de la marchandise en consultant principalement son aspect, ses caractères physiques, son odeur, ses propriétés nocives, etc.

On range parmi les viandes insalubres :

1° Les viandes *avariées*, *corrompues*, *altérées* par les influences atmosphériques et les mouches ;

2° Les viandes trop maigres et les viandes trop jeunes ;

3° Les viandes dites fiévreuses, saigneuses, fatiguées, surmenées, celles provenant d'animaux morts d'accident ou de maladie, les viandes paralysées, les viandes d'animaux saignés dans le cours d'une maladie aiguë grave, les viandes médicamentées ou empoisonnées ;

4° Les viandes d'animaux atteints de maladies spécifiques, parasitaires ou virulentes, transmissibles ou non transmissibles à l'homme.

M. Decroix qui s'est livré à certains essais, qui a notamment ingéré, sans en être incommodé, de la chair d'animaux charbonneux, enragés, morveux, trichinés, prétend qu'on peut, sans crainte, faire entrer dans l'alimentation les viandes réputées insalubres à la condition de les soumettre préalablement à une cuisson très complète.

Voici d'ailleurs comment s'exprimait naguère M. E. Bernier, au sujet du mémoire de M. Decroix ayant pour titre :

Recherches expérimentales sur la viande de cheval et sur les viandes dites insalubres au point de vue de l'alimentation publique et dans lequel l'auteur présente l'exposé d'une série de recherches et d'expérimentation sur l'utilisation des viandes dites insalubres, et même de celles qui proviennent d'animaux morts de diverses maladies.

« Ces expériences ont été faites toujours, en premier lieu, par l'auteur sur lui-même, puis sur un grand nombre d'autres personnes ; elles ont porté sur la chair d'animaux morts de maladies communes, sporadiques ou épidémiques les plus diverses, alors même que ces animaux avaient été traités plus ou moins longtemps à l'aide de substances toxiques, telles que l'acide arsénieux, la noix vomique, etc. ; — elles ont porté, en second lieu, sur des viandes confisquées par l'inspection de la boucherie comme nuisibles et insalubres à des titres divers ; — sur la viande des porcs nourris dans les clos d'équarrissage. Enfin, l'auteur n'a pas craint d'ingérer et de faire ingérer à d'autres personnes la chair d'animaux morts de la morve, de ladrerie, de trichinose, de cancer, etc., et il a mené cette expérimentation hors des limites en ingérant crue de la chair provenant d'un chien enragé, d'un cheval mort de la morve, etc.

« Le plus généralement, ces viandes ont été ingérées, bien cuites, sous forme de bouilli, de bouillon, de rôtis ou de ragouts, et même de pâtés ; l'aspect des mets obtenus n'était pas toujours satisfaisant, mais c'est tout à fait par exception qu'il est survenu quelque trouble digestif léger et éphémère à la suite de ces ingestions multipliées, et jamais il n'y a eu de transmission morbide.

« Avant d'aller plus loin, et tout en reconnaissant l'intérêt que présentent les expériences de M. Decroix, nous devons faire re marquer qu'elles n'infirment en rien les observations, faites sur un grand nombre de points, et qui démontrent le danger de la consommation des viandes d'animaux malades et, à plus forte raison, des viandes septiques, septicémiques ou virulentes.

« Que les principes nuisibles qu'elles renferment puissent être neutralisés par une coction parfaite entre les mains ou sous la surveillance d'un vétérinaire habile, cela n'est pas contesté. Mais qui pourrait comparer les expérimentations scientifiques de l'auteur avec la manipulation de ces viandes dangereuses et leur préparation culinaire, par les particuliers et par la population proprement dite.

....

« Toutes ces réserves, Messieurs, ne nous empêchent pas de reconnaître l'intérêt que présentent les expérimentations de M. Decroix, lesquelles montrent, une fois de plus, quelle importance il faut apporter à la cuisson complète des viandes au point de vue de la santé publique. On ne peut oublier qu'il a contribué, pour une grande part, à créer une nouvelle source d'alimentation publique en temps normal, et qu'il a montré à quelles conditions on pourrait, en temps de disette ou de famine, utiliser sans péril considérable les viandes suspectes ou altérées. On se plaît enfin à signaler avec honneur le courage personnel qu'il a montré dans une expérimentation répugnante et pénible, que seules, une conviction ardente et une foi d'apôtre pouvaient permettre d'exécuter et de poursuivre pendant d'aussi longues années. »

(*Séance du 6 janvier 1885*).

La manière de voir de M. Decroix inspirée par les meilleurs sentiments est en désaccord complet avec les prescriptions de la loi sanitaire et de la loi du 27 mars 1851, et avec la manière de voir généralement admise. Il va sans dire que l'inspecteur ne devra considérer comme réellement insalubres que les viandes qui offriront, soit au point de vue de leur manipulation, soit au point de vue de leur consommation, des dangers certains ; mais il se présente des cas très nombreux où les difficultés sont grandes pour une appréciation adéquate de leur insalubrité réelle et on admet avec raison que le doute doit faire incliner vers la sévérité. Certaines viandes sont dangereuses par leur manipulation, par leur transport et par leur consommation (viande d'animaux morveux, charbonneux, tuberculeux, etc.) quand elles sont insuffisamment cuites, voire même quand elles ont été bien cuites. Outre les germes de la maladie qu'elles renferment et qui sont plus ou moins résistants suivant leur état, elles peuvent contenir parfois des substances toxiques qui se sont formées sous l'influence de la maladie ou pour mieux dire de ses germes. D'autres viandes, sans être dangereuses à la manipulation, le sont pour la consommation (viandes ladriques, trichinées, septiques, intoxiquées, etc.). Les viandes d'animaux atteints de certaines maladies peuvent être livrées à la consommation sans inconvénient pour la santé publique, pourvu qu'on les fasse mourir à temps, et qu'on les saigne convenablement; mais celles d'animaux atteints de maladies graves transmissibles ou non transmissibles, doivent être éliminées pour les raisons indiquées ci-dessus et qui seront expliquées à propos de chaque groupe de viandes insalubres. La chair des animaux sains qui ne sont point étiques est irréprochable tant qu'elle n'est pas envahie par la fermentation putride; il en est de même de celle des animaux victimes d'accidents tels que fractures, déchirures, etc., s'ils sont abattus immédiatement et saignés convenablement. On peut également utiliser sans danger les viandes provenant d'animaux sacrifiés quelque temps après certains accidents, d'animaux vieux et maigres mais sains et non étiques, d'animaux jeunes (arrivés pourtant à un certain âge). Doivent être éliminées de la consommation, comme viandes insalubres et plus ou moins dangereuses, visées par la loi du 21 juillet 1881 et la loi du 27 mars 1851, celles qui proviennent d'animaux morveux, farcineux, charbonneux, rabiques, etc. ; celles qui proviennent d'animaux ladres, trichinés, septicémiques, ect.; celles provenant d'animaux atteints d'affections qui déterminent l'empoisonnement de l'organisme ; celles qui sont imprégnées de substances désagréables ou nuisibles ; celles qui sont avariées, corrompues et celles qui proviennent d'animaux morts naturellement sans avoir été saignés, etc. On ne saurait trop répéter qu'une bonne inspection comporte l'examen de l'animal vivant et l'examen du cadavre après l'abatage, avant le dépècement ; mais pour les viandes foraines, introduites du dehors après avoir été dépecées, on devra, bien que cette inspection n'offre pas toutes les garanties désirables, se contenter de l'examen des morceaux ou quartiers. L'inspecteur chargé d'examiner les viandes foraines ayant à résoudre la double question de savoir si elles ne proviennent pas d'animaux morts naturellement ou d'animaux atteints de maladies graves et si elles ne sont pas avariées, s'inspirera des données générales qui précèdent et de celles qui suivent. Les viandes saisies à l'abattoir ou ailleurs seront marquées d'un timbre spécial, infectées, dénaturées et livrées à l'équarrissage ou enfouies ; mais les propriétaires ayant droit de demander une expertise judiciaire, on devra, s'ils ont l'intention de protester, garder la viande saisie ou tout au moins les parties les plus importantes afin de ne pas rendre impossible la vérification demandée.

I. — Viandes avariées, corrompues, altérées.

Les divers états et les variations de l'atmosphère exercent une influence plus ou moins fâcheuse sur les caractères, l'aspect, la qualité et la salubrité de la viande, qui ne se conserve pas longtemps surtout quand elle provient d'animaux jeunes, veaux, agneaux, chevreaux. Cependant, comme celle du jour est plus dure que celle qui a été tuée depuis deux ou trois jours, on a parfois de la tendance à rechercher celle qui est mortifiée; mais il y a un écueil à éviter, en la laissant se *mortifier*, il ne faut pas lui donner le temps de se décomposer; et d'ailleurs la mortification, qui la rend plus tendre, est elle-même un commencement d'altération due à la formation d'acide lactique. La viande, sans être encore décomposée, corrompue et dangereuse, peut affecter diverses modifications plus ou moins superficielles, qui sont la conséquence de l'influence des agents atmosphériques. L'air sec, les courants d'air sec, les vents secs, le froid sec favorisent sa conservation, la dessèchent superficiellement, la ternissent, la rendent plus foncée, la raccornissent et la noircissent sur la coupe; la graisse et le muscle deviennent fermes et les tissus offrent leurs caractères normaux en dessous des parties ternies. L'action du soleil la dessèche rapidement, la raccornit et la noircit superficiellement, mais en dessous de la couche ainsi desséchée la chair n'est pas altérée. La congélation de même que le froid sec conserve la viande, qui ne doit pas en pareil cas, être utilisée pour la confection des prépérations de la charcuterie. L'humidité, les pluies, les brouillards, les vents humides, les temps humides la rendent molle, brunâtre ou grisâtre ou noirâtre sur la coupe, blafarde, onctueuse, et lui font prendre une odeur spéciale, aigre (odeur de relan) qui dénote une altération superficielle; à ce degré d'avarie elle est encore bonne à consommer, il suffit d'enlever les couches altérées. Mais l'humidité hâte aussi sa décomposition profonde surtout quand la température est élevée; il en est de même de l'élecctricité des temps orageux.

1° VIANDES AVARIÉES, CORROMPUES. — Au contact de l'air, qui dépose à leur surface des germes de la fermentation putride, les viandes se décomposent plus ou moins vite suivant les conditions ambiantes et suivant leur origine. Ainsi leur putréfaction est favorisée, accélérée par la chaleur, l'électricité, l'humidité; ainsi celles qui sont mal saignées, fatiguées, surmenées, fiévreuses, celles provenant d'animaux foudroyés, asphyxiés, malades, etc., se décomposent plus rapidement, *tournent* plus vite; ainsi leur fermentation putride est favorisée par l'état de graisse avancée, par l'occision trop rapprochée du repas, par l'imperfection de la saignée, par le séjour trop prolongé des viscères dans l'abdomen, etc., etc. La décomposition commence dans les points où se trouve accumulée de la graisse, dans les parties qui avoisinent la plaie de saignée, dans le voisinage des os. La viande corrompue, avariée, qui est en état de fermentation putride, prend une odeur désagréable, repoussante et caractéristique; c'est l'odeur de la putréfaction. Elle devient molle, friable, pâle, lavée, noirâtre, brunâtre ou verdâtre; la graisse prend une coloration verdâtre, ainsi que les aponévroses et cette teinte se propage rapidement; le muscle semble macéré, la chair garde l'empreinte du doigt et laisse échapper, quand on l'incise des gaz fétides. Les viandes altérées par la fermentation putride, qu'elles proviennent d'animaux sains ou malades, sont impropres à la consommation, repoussantes et même dangereuses pour la santé de l'homme; elles donnent un bouillon louche et désagréable, elles contiennent des microbes et des principes toxiques; leur consommation même après cuisson, a occasionné plus d'une fois des accidents, des empoisonnements plus ou moins graves. Il est, en effet, parfaitement établi que des alcaloïdes toxiques dits putréfactifs se forment durant la fermentation des matières albuminoïdes, dans les cadavres, dans les viandes; et il est fort probable que de pareils agents toxiques prennent naissance dans le cours de certaines affections infectueuses graves, qui se terminent par un véritable empoisonnement des malades; on a signalé parfois de véritables empoisonnements à la suite de la consommation de viandes provenant d'animaux morts ou abattus pendant le cours de certaines maladies graves et dont la chair avait été mangée cuite. D'ailleurs des agents toxiques analogues se forment dans diverses sécrétions, dans la bile, dans l'urine, dans la salive et dans le suc musculaire surtout quand le muscle se fatigue outre mesure. Les viandes saines éprouvent comme les autres, bien que moins rapidement, l'avarie, la fermentation putride; il peut arriver que des viandes dépecées, accompagnées d'un certificat de salubrité délivré par le vétérinaire qui les a vu préparer, s'altèrent en cours de transport surtout quand elles sont mal emballées, et arrivent au lieu de leur destination dans un état d'avarie qui nécessite la saisie. La marchandise avariée, quelle que soit son origine, tombe sous la rigueur de la loi du 27 mars 1851, elle est *corrompue*, elle doit être saisie et celui qui l'a mise en vente pourra être poursuivi devant les tribunaux. Toutefois on ne saurait imputer aucune faute au propriétaire et les tribunaux ne pourraient le condamner s'il avait été de pleine bonne foi, si, au lieu d'exposer sa marchandise en vente, il l'avait préalablement soumise à l'inspection, car on ne saurait l'assimiler à celui qui expose sciemment en vente une marchandise corrompue. Quand l'avarie n'aura pas envahi la totalité des morceaux, quand elle ne sera que superficielle ou localisée à certains points et à un degré peu avancé on se contentera d'éliminer la partie altérée si le reste est bon et offre les caractères normaux de la viande saine.

2° VIANDES LUMINEUSES OU PHOSPHORESCENTES. — La phosphorescence des viandes de boucherie a été fréquemment constatée. On sait que certains poissons en voie de décomposition présentent ce phénomène; on l'observe sur le bois pourri, et sur certaines eaux; on l'a remarqué sur les viandes en voie de décomposition et sur les viandes fraiches; on a même reconnu que la phosphorescence de ces dernières cessait quand la décomposition se produisait. En 1592, Fabrice d'Aquapadente avait observé à Padoue une viande devenue lumineuse une demi-journée après l'abatage et qui resta phosphorescente pendant quatre jours; les parties grasses étaient également lumineuses, et des viandes non phosphorescentes placées à côté de la première le devenaient à leur tour. En 1879, M. Nuesch observa un fait analogue de phosphoresence sur des viandes fraiches dans une boucherie; la graisse, les os, les viscères, tout devenait lumineux à l'obscurité hormis le sang, mais la phosphorescence cessait quand la fermentation septique commençait; les viandes de chat, de lapin, de chien, d'oiseaux, de grenouille, devenaient également phosphorescentes quand on déposait sur un point quelconque une parcelle de celle qui était lumineuse et la tache s'étendant envahissait tout le morceau. Dans le local de la boucherie, toute viande fraiche devenait phosphorescente au bout de sept à huit heures; celle qui était cuite ne présentait pas le même phénomène; les mains frottées sur la viande phosphorescente restaient lumineuses pendant plusieurs heures. La phosphorescence était due à des bactéries qui étaient visibles dans l'obscurité, sous le microscope, comme autant de points et de traits lumineux, dont quelques-uns se mouvaient et qui cessaient d'être lumineux sous l'influence des vapeurs d'acide phénique, de l'alcool, de l'acide salicylique, de l'acide sulfurique. M. Stubb ayant observé la phosphorescence sur de la viande de mouton, dont l'intérieur de la poitrine était parsemé de points lumineux, a pu également la transmettre à des viandes fraiches de porc, de mouton, de bœuf, de veau, de lapin en les mettant en contact avec la première; il a ensuite reproduit le même phénomène sur de nouvelles viandes de bœuf qu'il a mises en contact avec celles déjà rendues lumineuses expérimentalement. Il a vu la phosphorescence persister quand il plongeait ces morceaux dans l'eau et disparaître dans l'acide phénique et l'alcool concentré. La viande phosphorescente ne différait d'ailleurs de la viande ordinaire ni par l'aspect ni par l'odeur; on faisait cesser la phosphorescence en la grattant et l'essuyant à la surface, ce qui permettait aux bouchers de la vendre et les consommateurs n'en étaient pas incommodés. Diverses personnes ont pareillement observé la phosphorescence qui est du reste fréquente sur les viandes de boucherie, les unes sur des viandes fraiches qui cessaient d'être lumineuses lors de leur putréfaction, d'autres sur des viandes en voie de décomposition plus ou moins avancée. Quoiqu'il en soit on n'est pas encore bien édifié sur la cause du phénomène; les uns l'attribuent à l'existence de microbes phosphorescents ou chromogènes qu'ils ont cultivés et transportés d'une viande à l'autre ; d'autres n'ayant pas réussi dans la recherche des microbes phosphorescents ni dans leurs tentatives de culture et de transmission, attribuent la phosphorescence à quelque condition particulière du local où la viande devient lumineuse. Au point de vue de la ligne de conduite que l'inspecteur doit suivre en présence de cette altération spéciale on ne saurait formuler pour le moment des règles sévères, attendu que la viande phosphorescente peut présenter à part cette modification tous les caractères de celles qui sont normales, attendu qu'elle a étéconsommée sans dangers, attendu que l'altération semble superficielle. Cependant son utilisation aurait, dans une circonstance, provoqué certains malaises chez des enfants; aussi faudra-t-il faire enlever la couche altérée afin d'éviter tout accident; et d'ailleurs si la viande phosphorescente, au lieu d'être fraîche était en voie de décomposition ou altérée de toute autre façon on agirait en conséquence.

3° Viandes altérées par les mouches. — Les viandes qui ne sont pas préservées par un moyen quelconque du contact des mouches, peuvent présenter à un moment donné des larves en plus ou moins grande abondance qui en accélèrent la décomposition, qui les altèrent, leur donnent mauvais aspect et les rendent malsaines ; aussi devra-t-on saisir les parties qui se trouveront envahies.

II. — Viandes trop maigres. — Viandes trop jeunes.

La question des viandes maigres et des viandes jeunes est une de celles dont la solution soulève le plus de divergences.

1° VIANDES MAIGRES. — La maigreur peut provenir de causes diverses et être plus ou moins avancée ; elle peut être la conséquence d'un travail excessif, d'une alimentation insuffisante, de la lactation prolongée, de la vieillesse, de l'usure, d'affections diverses ; elle s'accuse par des caractères plus ou moins tranchés ; elle peut exister sans lésions ou avec des lésions plus ou moins graves, d'où résulte pour l'inspecteur l'obligation de faire des catégories et de se montrer sévère ou tolérant suivant les cas. Dans son examen des viandes préparées à l'abattoir il tiendra compte non seulement du degré de maigreur, mais aussi et surtout de l'existence des lésions plus ou moins graves qu'il rencontrera dans le cadavre ; et, toutes choses égales d'ailleurs, il se montrera moins sévère quand la maigreur ne s'accompagnera pas de lésions ou coexistera avec des lésions sans gravité ; il sera au contraire doublement sévère, quand à la maigreur se joindront des lésions anciennes, étendues, graves. Pour les viandes foraines dont l'inspection ne porte que sur des morceaux ou des quartiers, il y a lieu de se montrer relativement plus sévère, de suspecter et de saisir celles qui présentent un certain degré de maigreur. Celles qui sont saisies uniquement parce qu'elles sont maigres ne sont pas à proprement parler insalubres ; elles sont peu alibiles et on est généralement d'accord pour les éliminer de la consommation dans les cas de maigreur extrême. On les reconnaît généralement : à l'absence plus ou moins complète de la graisse, qui est remplacée par une matière ou gelée grisâtre ou jaunâtre, molle, dans laquelle existent quelques traces graisseuses ; à l'existence d'une matière molle, presque liquide dans les places réservées à la graisse entre les apophyses des vertèbres ; à la coloration jaunâtre ou grisâtre et à la fluidité de la moelle des os ; à l'émaciation et à l'atrophie des masses musculaires ; à la pâleur, à l'humidité, à la flaccidité et à la viscosité des muscles ou à leur sécheresse, à leur coloration foncée, à leur dureté, à leur grain grossier et à leur résistance ; à la laxité du tissu conjonctif qui est ordinairement insuflé ; aux infiltrations séreuses ou gélatiniformes, jaunâtres ou grisâtres sous-cutanées et inter-musculaires, etc. Les viandes maigres se déssèchent rapidement, se rétractent, se noircissent à l'air, s'altèrent vite quand elles sont infiltrées, etc.. Les lésions concomitantes que l'on rencontre sont des épanchements, des fausses membranes, des tubercules, des tumeurs, de l'hépatite, de la distomatose, etc. La viande du mouton étique, qui est pâle, mouillée, infiltrée, sans graisse ; celle du bœuf très maigre, dont la graisse est remplacée par une gelée jaunâtre, et dont la moelle des os longs est jaunâtre et reste fluide ; celle du cheval très maigre, etc., sont ordinairement saisies et les bouchers ne s'en plaignent guère. La saisie des viandes étiques, pâles, décolorées, humides, infiltrées, visqueuses, dont la moelle des os reste fluide, qui sont peu alibiles, peu savoureuses et de difficile conservation est partout acceptée ; et à mon sens, ce sont bien là les seules viandes maigres qui puissent être saisies à l'abattoir. Quant à celles qui, bien que maigres et dépourvues de graisse tiennent encore moelle, il faut les laisser utiliser si elles ne proviennent pas d'animaux atteints de lésions qui par elles-mêmes motivent la saisie, hormis lorsqu'il s'agit de viandes foraines, cas où l'on pourrait se montrer plus sévère.

2° Viandes trop jeunes. — Les viandes d'animaux trop jeunes (veaux, agneaux, chevreaux, etc.), celle des animaux mort-nés, celle des fœtus trouvés dans l'utérus des bêtes abattues pour la boucherie et même celle des animaux qui sont âgés seulement de quelques jours, surtout quand elle est maigre, pâle, molle, infiltrée, aigrelette etc., doivent être éliminées de la consommation. Il est généralement admis que les viandes trop jeunes dites gélatineuses doivent être saisies à cause de leur faible pouvoir nutritif, de leur difficile conservation et de leur effet plus ou moins laxatif sur les personnes qui les consomment. Néanmoins je crois que pour cette catégorie, de même qu'en ce qui concerne les viandes maigres, le vétérinaire inspecteur devra se montrer tolérant plutôt que sévère, quand il n'existera d'ailleurs aucun autre motif de saisie. Sans contredit il saisira les animaux mort-nés et ceux qu'on trouve dans la matrice des bêtes sacrifiées à l'abattoir. Il s'opposera autant que possible à l'abatage des veaux qui ne lui sembleront pas avoir atteint un certain développement, qui seront âgés de moins de deux ou trois semaines, qui ne seront pas solides sur jambes, qui n'auront pas l'ombilic bien cicatrisé et dont les cornillons ne commenceront pas à se montrer; il consultera l'état de la bouche, celui des muqueuses et tiendra compte du poids des animaux ; mais il ne saisira enfin (sans être très exigeant) que les viandes qui lui paraîtront réellement trop jeunes et qu'il reconnaîtra à leur mollesse, à leur pâleur, à leur humidité, à leur viscosité, à leur infiltration, à leur odeur aigrelette, au peu de développement des muscles, à l'absence de graisse, à la flexibilité des os, à la coloration rouge de la moelle qui reste molle et des surfaces articulaires, etc. Le vétérinaire inspecteur qui se montrerait trop sévère pour des viandes auxquelles il n'aurait à reprocher que leur jeunesse ou leur maigreur, dépasserait le but que l'inspection doit atteindre et courait le risque de susciter des réclamations et des expertises qui tourneraient contre lui ; avant tout ce qu'il importe de ne jamais perdre de vue c'est que l'inspection a pour but la préservation de la santé de l'homme, c'est-à-dire, la détermination et la saisie des viandes insalubres à un titre quelconque. Quant à celles qui sont un peu jeunes (veaux et chevreaux âgés de moins de trois semaines) ou qui présentent un certain degré de maigreur sans être absolument étiques, infiltrées, hydrohémiques et auxquelles on ne reconnaîtra pas d'autres causes d'insalubrité, il convient, je le répète, de les laisser utiliser sans se préoccuper de savoir si elles seront vendues comme étant de qualité plus ou moins bonne, attendu que l'administration chargée de veiller à la salubrité et à la fidélité du commerce n'a pas la mission d'accompagner chaque acheteur chez les débitants pour lui faire connaître la qualité exacte de telle ou telle marchandise.

III. — Viandes fiévreuses, saigneuses, fatiguées, surmenées. — Viandes provenant d'animaux morts d'accident ou de maladie. — Viandes paralysées. — Viandes d'animaux saignés dans le cours d'une maladie aiguë grave. — Viandes médicamentées ou empoisonnées.

Les viandes réunies dans cette catégorie peuvent être insalubres et dangereuses pour la santé de l'homme; on a enregistré plus d'une fois des cas d'indisposition ou même d'empoisonnement plus ou moins graves chez des personnes qui en avaient consommé; et d'ailleurs la découverte de substances toxiques (alcaloïdes-ptomaïnes) dans les cadavres, dans les matières albuminoïdes et dans les chairs en putréfaction, dans certaines sécrétions normales de l'organisme, dans la bile, dans l'urine, dans la salive, dans le suc musculaire, et tout dernièrement dans les tissus d'individus atteints de certaines maladies (choléra) permet d'expliquer les empoisonnements observés à diverses reprises. Outre que des substances toxiques se forment vraisemblablement en quantité plus ou moins considérable dans les maladies graves et surtout dans les affections (et les cas sont fréquents) qui s'accompagnent de symptômes nerveux, de prostration, d'abattement, d'un véritable empoisonnement des malades, en un mot, les produits de désassimilation des tissus (carnine, créatine, névrine), dont la formation est activée par des causes nombreuses, telles que la fatigue, le surmenage, la fièvre, les maladies, sont des agents toxiques et peuvent, en restant accumulés dans les organes, occasionner ou aggraver la maladie et communiquer à la viande des propriétés nuisibles, ainsi que le donne à penser l'injection sous-cutanée de faibles quantités de créatine qui provoque de l'abattement, de la paralysie, de la tétanisation et des accidents urémiques.

1° VIANDES MAL SAIGNÉES OU SAIGNEUSES. — Les viandes bien exsangues sont celles qui, toutes choses égales d'ailleurs, se conservent le mieux ; celles qui sont saigneuses, celles qui proviennent d'animaux sains incomplètement saignés, celles qui proviennent d'animaux non saignés, saignés au moment où ils allaient périr ou même après la mort, celles qui proviennent d'animaux fatigués, surmenés, d'animaux morts d'accident, asphyxiés, suffoqués, étranglés, foudroyés, etc., d'animaux paralysés, morts de maladies ou abattus dans le cours d'une maladie grave, etc., sont plus sujettes à se décomposer rapidement, à cause de la plus ou moins grande quantité de sang qui les imprègne et qui les constitue à l'état de milieu plus propice au développement des germes aériens. D'ailleurs, suivant la cause qui les a rendues saigneuses, elles peuvent être plus ou moins dangereuses, en dehors de toute décomposition putride ; ainsi celles qui proviennent d'animaux sacrifiés dans le cours de maladies graves peuvent occasionner des accidents, à cause des matières de désassimilation qui se sont formées en excès.

Les viandes mal saignées se reconnaissent aisément aux caractères suivants : coloration anormale plus ou moins rougeâtre des tissus en général, des muscles, de la graisse, du tissu cellulaire, des séreuses, des aponévroses, des tendons, des ligaments ; coloration foncée et réplétion sanguine, du poumon et des viscères en général ; caillots noirâtres et mollasses dans les cavités droites du cœur et dans les gros vaisseaux ; réplétion des petits vaisseaux par un sang noirâtre ; infiltration et épanchements sanguins dans le tissu cellulaire, sous forme de tâches, d'ecchymoses, etc. ; coloration anormale du tissu musculaire variant du rouge-lavé au rouge-foncé ou au rouge noirâtre ; imbibition sanguine des muscles et du tissu cellulaire dont la coupe laisse échapper du sang ; consistance molle et odeur acide ou aigrelette de la chair, etc. Aux caractères généraux, qui viennent d'être indiqués, et qu'on retrouve plus ou moins accusés sur toutes, s'en ajoutent d'autres, qui varient suivant leur provenance, suivant la cause qui a rendu la saignée imparfaite et qui ont une grande importance dans l'inspection des viandes foraines. Malgré la facilité et la rapidité avec laquelle elles éprouvent la décomposition, les viandes saigneuses ne doivent pas être réputées toutes insalubres ; ici encore il y a lieu de faire une distinction, suivant qu'il s'agit de viandes préparées à l'abattoir ou de viandes foraines, introduites dépecées après avoir été préparées au dehors. A l'abattoir l'inspecteur constate l'état de l'animal ou du cadavre, assiste à l'autopsie, vérifie l'état des viscères, reconnaît la nature de la maladie ou de l'accident, et, grâce aux renseignements précieux dont il s'est ainsi muni, il peut juger en toute connaissance de cause. Si la chair est saigneuse à un degré peu accusé, si l'animal d'où elle provient, n'était atteint d'aucune maladie grave, d'aucun accident de nature à la rendre dangereuse, si d'ailleurs la saignée, bien qu'imparfaite, a été pratiquée avant la mort, le vétérinaire inspecteur devra se montrer tolérant. Quand il se trouvera, au contraire, en présence de viandes foraines saigneuses il devra se montrer généralement sévère et les saisir car, son examen étant forcément incomplet et ne pouvant pas lui faire reconnaître toujours la cause de l'altération, il ne devra jamais perdre de vue qu'une chair saigneuse peut provenir d'un animal atteint d'une maladie grave qui la rend dangereuse pour l'homme.

A. — Viandes fatiguées, surmenées. — La fatigue, le surmenage des animaux influent sur l'aspect, la qualité et la conservation de leur chair. Les muscles fatiguées changent de caractères physiques et chimiques; ils perdent de leur cohésion et de leur élasticité; ils sont plus ou moins intoxiqués par l'excès de produits de désassimilation qu'ils contiennent; ils se conservent moins bien et éprouvent rapidement la fermentation putride. Aussi est-il indiqué d'engager les bouchers à laisser reposer les animaux fatigués avant de les abattre, quand il n'y a aucun danger pour leur vie. Les animaux fatigués à l'excès par une station debout prolongée dans les wagons ou les navires, par une marche excessive, par des courses désordonnées, tués avant d'être reposés saignent incomplètement; l'enlèvement de la peau laisse suinter en abondance le sang, qui s'échappe des vaisseaux sectionnés; la chair a une teinte rougeâtre plus ou moins foncée; le muscle est noirâtre, comme gommeux, collant après l'instrument, il exhale une odeur aigrelette; le tissu spongieux des os est également foncé; on ne constate d'ailleurs aucune lésion propre, si ce n'est un commencement de décomposition, quand l'occision remonte à quelques heures et quelques suffusions sanguines. Bien que les gibiers forcés à la chasse donnent une viande parfois désagréable, bien que celle des animaux de boucherie qui ont été fatigués, surmenés ne soit pas de première qualité, l'inspecteur se montrera tantôt tolérant et tantôt sévère; tolérant quand il aura assisté à l'autopsie, quand il aura constaté l'inexistence de maladies graves et quand la chair ne sera ni trop saigneuse, ni trop foncée, ni trop manifestement modifiée dans sa consistance, son odeur, etc.; sévère quand il aura à se prononcer sur des viandes foraines manifestement saigneuses, noirâtres, molles et surtout quand il leur reconnaîtra un commencement de décomposition.

B. — Viandes d'animaux morts d'accidents (asphyxiés, suffoqués, noyés, étranglés, foudroyés, etc.), ou de maladies.— D'une manière générale les bêtes, qui périssent d'accidents sans lésions organiques graves, ne doivent être livrées à la consommation qu'autant qu'un vétérinaire les aura visitées et aura assisté à l'autopsie. La viande de ces animaux est plus ou moins saigneuse, suivant que la saignée a été plus ou moins tardive, plus ou moins incomplète; et la vente publique d'une semblable marchandise ne devra être tolérée, qu'autant que son altération ne sera pas trop prononcée, qu'autant que la chair ne sera pas trop saigneuse, qu'autant que le vétérinaire inspecteur ou un autre aura constaté l'accident. Il arrive souvent aux inspecteurs d'observer dans la pratique des cas de ce genre, par suite de l'écrasement dans les wagons d'animaux, qui sont amenés à l'abattoir en mauvais état ou même à l'état de cadavre après avoir été saignés; si les tissus ne sont pas trop saigneux ils ne saisissent pas. Quant aux viandes envoyées du dehors, une plus grande sévérité est à conseiller. Les animaux morts d'une maladie quelconque sont inutilisables pour la consommation. Outre les traces des médications employées, outre les lésions des viscères, leur chair se reconnaît aux caractères suivants : Aspect saigneux des tissus; imbibitions, infiltrations, hypostases, arborisations du tissu conjonctif; mollesse, flaccidité, humidité des muscles, qui sont parfois décolorés, d'autres fois livides ou d'aspect terreux et macéré; absence plus ou moins complète de la graisse, qui a une teinte vineuse quand il en reste; teinte pâle et terreuse de la coupe de certains muscles (muscles pectoraux, sous lombo-tibial, etc.) sur le bord, tandis que le milieu offre une coloration plus rouge; tons sales et livides sur le diaphragme et sur le petit oblique de l'abdomen ; aspect jaune pâle, lavé et sans brillant de la coupe des muscles de la cuisse (veaux) ; altération des ganglions, qui peuvent se montrer congestionnés, infiltrés, etc. ; arborisations au grasset ; pâleur ou coloration foncée des plèvres ; teinte violacée du péritoine, etc.

C. — VIANDES FIÉVREUSES, VIANDES PROVENANT D'ANIMAUX ATTEINTS DE MALADIES INFLAMMATOIRES, VIANDES PARALYSÉES. — Les maladies simplement inflammatoires, qui ne sont ni trop avancées, ni trop graves, ne rendent pas la viande insalubre ; on peut la livrer à la consommation quand elle est bien saignée, fraîche et en bon état de graisse. Néanmoins il sera indispensable que le vétérinaire inspecteur ou un autre, de même que pour les catégories précédentes, ait constaté la nature de la maladie et sa gravité, quand la chair présentera dans une certaine mesure les caractères des viandes saigneuses et fiévreuses. Pour les animaux sacrifiés à l'abattoir, le vétérinaire aura tous les éléments d'appréciation ; il les examinera avant l'abatage ; il assistera à l'autopsie ; il constatera les lésions des viscères et les caractères des tissus. Mais devant des viandes foraines, introduites du dehors, en l'absence des viscères, il devra s'en rapporter aux altérations qu'il rencontrera dans les muscles, dans les aponévroses, dans le tissu cellulaire, sur les séreuses, dans la graisse, dans le sang, etc. ; et il saisira celles qu'il trouvera saigneuses, fiévreuses, sans se préoccuper de découvrir la cause de l'altération. Les viandes provenant d'animaux saignés dans le cours de maladies inflammatoires graves se reconnaissent, à défaut des viscères, aux caractères suivants : aspect plus ou moins saigneux de leur ensemble; coloration rougeâtre plus ou moins foncée du muscle; hypostases, infiltrations, imbibitions, ecchymoses, lividité, injection sanguine, épaississement et humidité gluante des séreuses péritonéale et pleurale; réplétion plus ou moins manifeste des vaisseaux sanguins, qui présentent des caillots, rougeur, injection, infiltration, mollesse de la graisse et du tissu cellulaire, mollesse, flaccidité, décoloration et parfois ecchymoses des muscles, qui sont quelquefois gommeux et collent aux doigts; coupe des muscles humide, exhalant une odeur aigrelette et laissant suinter un jus ambré; coloration grisplombé ou rouge terne du muscle court adducteur de la jambe; coupe des muscles du plat de la cuisse et de la face interne de l'épaule offrant une teinte brune, terne, qui s'avive à l'air et devient rouge saumon, rouge orange ou rouge acajou suivant les maladies; altération des psoas et des muscles abdominaux, etc.; injection et tuméfaction des ganglions, etc. Quand l'occision a eu lieu avant l'aggravation de la maladie, avant l'apparition d'une fièvre intense, avant l'emploi de toute médication propre à communiquer aux tissus des propriétés nuisibles ou désagréables, les animaux atteints de maladies inflammatoires, d'accidents, et même ceux atteints de certaines maladies virulentes non transmissibles à l'homme peuvent donner une chair bonne pour la consommation et d'apparence saine. Les animaux atteints de maladies chroniques donnent ordinairement une viande pâle, molle, sans graisse, humide, infiltrée, etc. La chair du cheval atteint d'une maladie fébrile grave prend une teinte rouge-clair, au lieu d'être rouge-brunâtre ou couleur de rouille; elle présente des infiltrations, etc.; d'ailleurs, à défaut de l'examen de l'animal avant l'abatage, à défaut de l'examen des viscères, il faudrait se montrer très sévère. Mais, vu qu'il est impossible sur les quartiers préparés, de découvrir la trace de certaines maladies très dangereuses pour l'homme (morve, farcin), on ne saurait qu'approuver hautement les administrations, qui prohibent l'entrée de toute viande de cheval, qui n'a pas été préparée à l'abattoir, où se pratique une inspection régulière. L'inspecteur ne devra jamais perdre de vue d'ailleurs que la manière dont une viande a été travaillée, appropriée, préparée et emballée, influe beaucoup sur son aspect, aussi ne devra-t-il pas hésiter à pratiquer des incisions en vue de s'assurer de l'état des parties profondes. Si des viandes malades peuvent emprunter un aspect trompeur à la préparation et à l'appropriation dont elles ont été l'objet, celles qui, étant saines, ont été mal appropriées, emballées trop chaudes, mal couvertes, etc., peuvent s'altérer durant le transport ou dans la boutique du boucher, elles peuvent devenir ternes, grisâtres dans certaines parties, le péritoine peut perdre sa transparence et son poli pour devenir terne et gluant; mais en pareil cas on ne trouvera pas les autres modifications signalées à propos des viandes fiévreuses et saigneuses.— Afin de mieux fixer les idées sur la ligue de conduite à adopter, et tout en rappelant encore que l'inspecteur doit se montrer plus sévère, quand il n'a pas vu les viscères et quand aucun vétérinaire n'a été appelé à constater l'état des animaux, il importe de parcourir rapidement les principaux cas, qui soulèvent des difficultés dans la pratique et des divergences d'appréciation parmi les vétérinaires.

La viande pâle, décolorée, blanchâtre, molle, flasque, gluante, infiltrée et maigre (cachexie aqueuse, hydropisie, affections cancéreuses, mélanique, etc.), la viande lavée, terne, plombée, violacée, à odeur désagréable ,urineuse ou aigrelette, (rétention d'urine, rupture de la vessie, inflammation des reins, urhémie, qui s'accompagne de la rétention de l'urée dans le sang et rend la viande toxique) doivent être saisies ; il en est de même des viandes d'animaux atteints de jaunisse, d'hépatite avec ictère, que l'on reconnaît à leur aspect jaunâtre ou jaune-verdâtre, à la coloration jaune des muqueuses, des tissus blancs et des os, à la teinte rouillée des muscles, à la coloration brun-jaune du sang. Quelquefois la coloration ictérique est limitée au foie, et alors on se contentera de saisir l'organe. De nombreuses maladies inflammatoires, plus ou moins anciennes mais localisées à certains organes, telles que bronchites et pneumonies légères, hépatite, cirrhose, phlegmon, abcès, métrite bénigne, etc., et d'une manière générale toutes celles, qui ne s'accompagnent ni d'une maigreur excessive ni d'un état fébrile assez marqué pour donner à la viande un aspect saigneux, ne motivent pas la saisie, qui pourra tout au plus porter sur l'organe ou la portion d'organe altérée.

L'indigestion avec météorisation, si fréquente chez les grands ruminants, et qu'on observe aussi chez le mouton, doit-elle être considérée comme une cause d'insalubrité de la viande? Le météorisme fait périr les animaux par asphyxie et rend la viande saigneuse. Quand l'animal est mort avant d'avoir été saigné, tout le monde est généralement d'accord; la vente de la viande ne saurait être tolérée. La difficulté ne surgit donc que dans les cas où il s'agit d'un animal plus ou moins météorisé, qui a été saigné avant de succomber. Il arrive très souvent en effet que le propriétaire, de son propre mouvement ou même sur le conseil de son vétérinaire, fait saigner l'animal, dont l'état est inquiétant, et préparer la viande, pour la faire vendre ensuite. Les cadavres préalablement saignés d'animaux météorisés, qui seraient amenés à l'abattoir, pour y être travaillés, devront être visités par l'inspecteur, qui assistera à l'autopsie et constatera les caractères de la viande, dont la vente sera permise ou prohibée suivant son état et son aspect. Les viandes foraines provenant d'animaux météorisés devront être saisies, de même que celles préparées à l'abattoir, quand elles seront d'une coloration rougeâtre foncée ou noirâtre, quand elles seront saigneuses, gorgées de sang noirâtre, rougissant à l'air, quand elles présenteront des taches livides sur le péritoine, quand elles exhaleront, surtout à la coupe, une odeur de fumier ou l'odeur des médicaments administrés à l'animal. Tandis que la viande d'animaux sacrifiés à temps pourra être débitée, si elle est bien préparée, celle des animaux atteints de météorisme avancé présentera les caractères précités et devra être exclue du commerce, à cause des modifications qu'elle a subies et de la facilité avec laquelle elle s'altère. Ce qui précède s'applique également aux viandes d'animaux asphyxiés à la suite d'un accident (assommement,étouffement, strangulation, immersion,foudre) et saignés avant la mort, au moment de la mort ou aussitôt après. Ces viandes peuvent être utilisées par le propriétaire, mais, vu la rapidité avec laquelle elles s'altèrent, elles devront être exclues du commerce, quand elles seront fortement saigneuses, quand les viscères et les tissus seront gorgés de sang noirâtre, quand les muqueuses et les séreuses seront livides, ecchymosées, etc. ; elles pourraient tout au plus être vendues sur place, pour être consommées sans retard ; celles qui n'auront pas trop mauvais aspect, celles qui proviendront d'animaux assommés, étouffés, etc., saignés convenablement, devront être acceptées pour le commerce.

Les accidents de parturition; tels que rétention et putréfaction du fœtus, ou des enveloppes, renversement de la matrice, métrite, métro-péritonite, peuvent rendre la chair des malades fiévreuse et insalubre, quand ils sont graves. A défaut des organes, sur lesquels existent les lésions proprement dites, on reconnaîtra ces accidents, lorsqu'ils seront de nature à altérer la qualité de la viande et à motiver la saisie : à la coloration plus foncée des muscles ; à l'aspect saigneux des tissus ; à l'odeur aigre et acide de la chair, à sa mollesse ; à l'humidité et à l'aspect blafard de la partie charnue du diaphragme; à l'arborisation, à l'inflammation, à l'aspect livide et à la teinte violacée du péritoine; à la congestion du bassin; à l'épaississement et à l'infiltration du ligament sacro-siatique; aux lésions sanguinolentes et aux produits épanchés dans la pointe de l'ischium. A côté des accidents de parturition, se place naturellement la fièvre vitulaire, au sujet de laquelle existent des dissentiments profonds parmi les vétérinaires. Beaucoup en effet ont l'habitude de conseiller à leurs clients de livrer à la boucherie les bêtes atteintes de cette affection, au lieu d'entreprendre un traitement, dont le résultat est fort aléatoire; et ils prétendent que la consommation des viandes provenant des animaux même sérieusement malades n'offre aucun danger. Cette manière de voir ne doit être acceptée que dans une certaine mesure, car souvent la chair des vaches saignées dans le cours de la fièvre vitulaire est plus ou moins saigneuse, fiévreuse, et doit comme telle appeler les décisions précédemment indiquées. D'ailleurs on soupçonnera la provenance des viandes fournies par les animaux malades de paralysie vitulaire, non seulement à leur aspect saigneux, mais encore à des traces d'inflammation et d'infiltration dans le bassin, à la congestion et à la turgescence des mamelles, à la décoloration de la chair, qui est plus ou moins infiltrée et comme cuite, à l'odeur de fromage fort, qui se dégage des muscles de la cuisse quand on les incise. Lorsqu'une viande offrira ces caractères, elle devra être exclue du commerce; tandis qu'on se montrera tolérant à propos de celle qui, malgré son origine, présentera des caractères normaux ; ce qui arrivera notamment quand la maladie ne sera qu'à son début, et quand la saignée aura été convenablement pratiquée.

L'altération des ganglions, constatée sur une viande foraine, devra faire soupçonner l'existence de quelque affection grave et entraîner son exclusion du commerce. Il en sera de même des viandes fièvreuses à la suite d'accidents graves, et de celles d'animaux atteints d'anasarque, de coryza gangréneux graves, de fièvre typhoïde, de mélanose généralisée etc. Grâce à l'examen du cadavre entier et des viscères, on constatera aisément ces divers états morbides ; mais, à défaut de cet examen sur l'ensemble, on soupçonnera la fièvre à l'aspect de la viande, l'anasarque à l'infiltration du tissu cellulaire, le coryza gangréneux à la coloratiou noirâtre de la chair, etc.— Certaines altérations spéciales, du tissu musculaire notamment, ont été signalées parfois comme devant motiver la saisie de la viande. Ainsi on a eu constaté la transformation fibreuse, avec ou sans ramollissement par places, avec ou sans foyers caséeux des muscles, chez le bœuf, leur induration, leur sclérose, et on a eu saisi de pareilles viandes. Ainsi on a eu observé la décoloration complète des muscles chez le bœuf en bon état, et la présence de taches pigmentaires dans la viande et les viscères du veau, qui a été saisi pour ce motif ; mais ces deux altérations ne semblent pas devoir motiver une rigueur excessive. Ainsi on a eu constaté qu'une viande de bon aspect pouvait avoir un goût d'amertume tellement prononcé que la consommation en était impossible; ainsi on a eu vu, sur des viandes réalisant d'ailleurs toutes les conditions pour être de bonne qualité, la graisse présenter superficiellement une teinte de café torréfié et en dessous une coloration grisâtre, le muscle se montrer brun-marron et devenir brun-noirâtre, sans qu'aucune lésion grave ait pu motiver la saisie d'une pareille marchandise. Ainsi on a signalé l'existence de corpuscules calcaires dans le tissu musculaire du cheval en si grand nombre que la saisie de la viande a été jugée indispensable. Ainsi, chez le porc, on observe quelquefois l'épaississement et l'induration du derme, qui nécessitent la saisie des parties altérées ; ainsi encore on a signalé, dans le tissu inter et intra musculaire du porc, la présence de petites concrétions blanchâtres d'origine albuminoïde, qui ne semblent nullement rendre la viande insalubre. Enfin les utricules psorospermiques, qu'on peut trouver dans les muscles des divers animaux de boucherie, et qui passent souvent inaperçus, occasionnent parfois des altérations sous forme de granulations fusiformes jaunâtres, grosses comme une tête d'épingle, nombreuses et d'apparence assez grave pour faire incliner vers la sévérité.

Les viandes paralysées ne sont pas absolument inutilisables, surtout quand les animaux ont été sacrifiés avant d'avoir été médicamentés et peu de temps après l'apparition de la maladie, surtout quand la fièvre n'a pas eu le temps de communiquer aux tissus l'aspect saigneux ou fiévreux. Quand la paralysie date de quelque temps, quand il y a de la fièvre, quand un traitement plus ou moins énergique a été mis en œuvre, quand les animaux sont restés couchés plusieurs jours, ils ne doivent pas être reçus à l'abattoir ; et leur viande introduite en ville, après avoir été préparée au dehors, doit être soupçonnée et saisie quand on constate les caractères suivants : aspect saigneux , coloration foncée, brunâtre, noirâtre des muscles, qui sont mollasses, gommeux et collent aux doigts; arborisations dans le tissu cellulaire ; infiltrations, épanchements sanguins et ecchymoses dans le tissu sous-cutané, dans les muscles sous-lombaires et dans les muscles du côté sur lequel l'animal était resté couché; grangrènes locales ou eschares produites par le décubitus; teinte blafarde du péritoine ; quelquefois, dans le cas de paralysie ancienne, décoloration, infiltration, induration ou ramollissement etc., de certains muscles du train postérieur. On a eu constaté la nécrobiose ou mortification de certains muscles à la suite d'oblitération artérielle ; les muscles mortifiés, reconnaissables à leur coloration grisâtre et à l'inflammation qui les délimite, doivent en pareil cas être saisis, de même qu'on doit saisir la région sur laquelle on rencontre un vaste abcès ou tout autre état maladif de nature à modifier localement la qualité de la viande.

2° VIANDES MÉDICAMENTÉES OU EMPOISONNÉES. — Les animaux empoisonnés par un agent quelconque intentionnellement ou accidentellement dans le cours d'une médication ne doivent jamais être livrés à la consommation, peu importe qu'ils aient eu le temps de mourir de l'empoisonnement ou qu'on les ait sacrifiés avant. Les viandes empoisonnées, étant plus ou moins imprégnées de l'agent toxique pourraient devenir à leur tour un poison pour l'homme. Elles peuvent présenter, même à défaut des viscères, des caractères anormaux, qui les rapprochent des viandes saigneuses, mais aussi elles peuvent être absolument méconnues, sans l'intervention des procédés de l'analyse chimique. Heureusement que l'inspecteur de la boucherie se trouvera très exceptionnellement en présence d'une pareille marchandise ; et d'ailleurs, outre que le débit d'une viande empoisonnée tombe sous l'application de la loi ; outre que les propriétaires ne sont guère enclins à vendre, par exemple, les moutons empoisonnés par le traitement arsenical, le vétérinaire, qui aura vu les animaux, se gardera bien d'en conseiller l'utilisation. Un traitement plus ou moins prolongé avec des médicaments, qui impregnent les tissus et leur communiquent une odeur et un goût désagréables ou même des propriétés nuisibles, doit être assimilé à l'empoisonnement et faire exclure du commerce de la boucherie les animaux qui en ont été l'objet. D'une manière générale on doit refuser momentanément à l'abattoir, ainsi que nous l'avons dit plus haut, les animaux qui ont été récemment traités par l'administration de certains médicaments ; et les viandes foraines ou autres, qui, même sans présenter à un haut degré les caractères des viandes fièvreuses ou saigneuses, exhaleront une odeur très accusée d'éther, d'ammoniaque, d'absinthe, d'assa fœtida, de camphre, d'essence de térébenthine etc., devront être saisies.

CHAPITRE V.

Viandes insalubres. — Viandes d'animaux atteints de maladies spécifiques, parasitaires ou virulentes, transmissibles ou non transmissibles à l'homme.

Parmi les maladies parasitaires et virulentes des animaux de boucherie, les unes peuvent être transmises à l'homme. Celles, qui ne se propagent pas à l'espèce humaine, ne doivent faire exclure de la consommation la chair des animaux malades qu'autant que l'affection lui a communiqué les caractères des catégories précédemment étudiées. Cette règle est d'ailleurs admise dans la loi sanitaire, notamment à propos de la péripneumonie et de la clavelée; mais, en ce qui concerne la peste bovine, dont la contagion, bien que laissant l'homme en dehors de son action, est très subtile, cette distinction est proscrite par la loi, qui accorde d'ailleurs aux propriétaires une indemnité réparatrice. Du reste, les viandes provenant d'animaux atteints de maladies transmissibles à l'homme, cessent généralement d'être dangereuses à ce point de vue, quand elles ont subi une bonne cuisson; aussi est-on allé jusqu'à prétendre qu'il fallait à leur égard adopter la même ligne de conduite que pour celles des animaux atteints d'affections non transmissibles à l'homme. Mais, outre que certaines de ces viandes exigent une cuisson prolongée, surtout quand elles ne sont pas divisées en petits morceaux, outre que certaines viandes charbonneuses par exemple peuvent rester dangereuses malgré la cuisson quand des spores ont eu le temps de se former à la surface des coupes, outre qu'elles contiennent parfois des substances toxiques que la cuisson ne détruit pas, outre que certains modes de les préparer ne donnent pas une garantie suffisante, il en est dont la manipulation est excessivement dangereuse. Aussi, agira-t-on sagement en continuant à exclure, comme insalubres et plus ou moins dangereuses, certaines viandes infectées de parasites ou de virus. Bon nombre de maladies parasitaires telles, que l'helminthiase intestinale des divers animaux, la bronchite vermineuse du mouton (strongylus filaria), du porc (strongylus paradoxus), du veau (strongylus micrurus), la pneumonie vermineuse et la tuberculose vermineuse du mouton (strongylus rufescens), le tournis des ruminants (cœnurus cerebralis), les échinocoques des divers animaux ovins, bovins, porcins, solipèdes, les cysticerques du mouton, les douves hépatiques, sont généralement sans influence sur la qualité de la viande, sauf quand elles s'accompagnent de maigreur, d'étisie, de consomption, de cachexie, d'hydrohémie, cas auxquels s'appliquent les règles précédemment exposées à propos de ces états. En dehors de l'étisie, ces maladies ne peuvent motiver dans quelques cas que la saisie partielle de l'organe ou de la portion d'organe trop endommagé ; mais en cette matière les inspecteurs ne montrent généralement pas, et c'est un tort au moins en ce qui concerne les échinocoques, une grande sévérité, comptant avec plus ou moins de raison que le consommateur, qui achète des viscères malades, s'apercevra facilement de leur état et les préparera en conséquence. Les organes altérés sont souvent destinés à la nourriture des chiens et des chats, ce qui ne laisse pas que d'offrir certains dangers au point de vue de l'hygiène générale, quand une cuisson préalable n'a pas été faite ; car le chien, en ingérant des cœnures, des échinocoques, etc., contracte une helminthiase intestinale et rend ensuite des proglottis, des œufs de tœnia, qui, déposés sur les herbes ou entraînés dans les eaux, seront pris un jour par le mouton, le porc, le cheval, le bœuf et même par l'homme, auxquels ils communiqueront le même état que chez les animaux à qui le chien les avait empruntés, c'est-à-dire feront naître des kystes dans le foie, dans le poumon, dans les reins, dans le cœur, etc. L'homme présente en effet et assez souvent des hydatides résultant de l'ingestion d'œufs de tœnia échinocoque ; et ces kystes peuvent, en se rupturant, occasionner de graves accidents, soit qu'ils s'ouvrent dans une séreuse, qui ensuite s'enflamme, soit qu'ils se rompent dans un parenchyme, qui peut ensuite suppurer.— Les deux maladies parasitaires qui soulèvent les plus grandes difficultés sont la ladrerie et la trichinose.

1°. — *Viandes ladriques.*

La ladrerie des grands ruminants est très rare en France ; et, quand elle existe, elle ne doit entraîner la saisie qu'autant que les grains en sont nombreux et disséminés dans les diverses régions. Il semble que cette affection est beaucoup plus fréquente dans d'autres pays, notamment en Afrique. Elle offre des analogies frappantes avec la ladrerie du porc; elle se caractérise par l'existence de cysticerques particuliers, qu'on rencontre dans le tissu cellulaire, dans les muscles, qui proviennent de l'ingestion d'œufs du tænia inerme de l'homme, qui se présentent sous forme de petits kystes ovoïdes, et qui sont plus ou moins nombreux. L'homme pouvant contracter une helminthiase intestinale en ingérant crues ou insuffisamment cuites des viandes de bœuf ou de veau ladre, il serait indiqué le cas échéant d'éliminer du commerce celles qui présenteraient un grand nombre de cysticerques.

Le porc peut présenter deux sortes de ladrerie; l'une déterminée par la présence du cysticercus tenuicollis, et l'autre occasionnée par le développement du cysticercus cellulosæ. Le cysticercus tenuicollis est la larve du tænia marginata, qui vit dans l'intestin du chien et non chez l'homme; il s'observe fréquemment sur les petits ruminants; on l'a aussi rencontré chez l'homme et on l'a signalé chez le porc (Raillet). Il se rencontre surtout dans la cavité abdominale; il est superficiellement situé, appendu à l'épiploon, au mésentère, au foie, à la face postérieure du diaphragme; il est généralement plus volumineux que le cysticercus cellulosæ; il ne se rencontre pas dans les muscles, et il a les crochets plus grands que ce dernier. Cette pseudo-ladrerie du porc, qui se caractérise comme il vient d'être dit, n'est pas dangereuse pour l'homme, et ne saurait être invoquée pour faire exclure le porc du commerce. Il en est tout autrement de la ladrerie proprement dite occasionnée par le cysticercus cellulosæ, qui envahit le système musculaire, et qui, ingéré par l'homme, se transforme en tænia solium dans son intestin.

La ladrerie proprement dite du porc, prévue par la loi comme vice rédhibitoire, doit attirer d'une manière spéciale l'attention du vétérinaire inspecteur. La viande de porc ladre, ingérée crue ou insuffisamment cuite par l'homme, provoque dans son intestin le développement de tœnias; ensuite le porc en ingérant les excréments de l'homme, qui contiennent des proglottis ou anneaux de tœnia plus ou moins chargés d'œufs, contracte la ladrerie, par suite de l'éclosion des œufs dans son intestin et de la migration des embryons dans ses muscles. L'homme, qui peut d'ailleurs, ainsi que le chien, en ingérant des œufs de tœnia solium avec ses aliments ou ses boissons, devenir ladre et présenter des cysticerques notamment dans la peau, dans le diaphragme, dans le cœur, etc., est plus ou moins incommodé par les tœnias, qui se sont développés dans son intestin; mais ce n'est pas là le seul danger que lui fait courir la présence du tœnia. Il a été constaté chez le même individu la coïncidence de la ladrerie et de l'expulsion de tœnias; et on croit que l'homme, qui héberge un tœnia, peut devenir ladre par suite de l'éclosion d'un certain nombre de ses œufs et de la migration des embryons dans ses muscles. Pour ces motifs le porc ladre tombe, non seulement sous l'application de la loi sur les vices rédhibitoires, mais sous celle de la loi du 27 mars 1851 ; sa chair doit être éliminée de la consommation ou tout au moins traitée de telle façon qu'elle perde sa nocuité. Eu égard aux mesures à prendre et à la sévérité, dont les inspecteurs doivent faire preuve, on n'est pas bien d'accord. Une viande, quel que soit son degré de ladrerie, ne saurait être dangereuse quand elle est convenablement cuite; mais à ce compte il en est de même des viandes provenant d'animaux atteints de maladies parfois très graves. Aussi s'accorde-t-on généralement pour admettre que les porcs ladres à un très haut degré doivent être éliminés de la consommation. Le désaccord se produit quand il s'agit de la ladrerie caractérisée par un petit nombre de grains; et d'ailleurs quelle limite exacte de démarcation faut-il admettre? Quoi qu'il en soit, il me semble que la réglementation adoptée à Lyon est celle qui doit être imitée; elle permet l'utilisation en cas de ladrerie caractérisée par l'existence d'une dizaine ou deux dizaines de grains, à la condition que la viande sera préalablement bien salée sous les yeux des inspecteurs avant d'être mise en vente; elle ordonne la saisie dans les autres cas, mais les propriétaires sont autorisés généralement à enlever la graisse. Faut-il aller plus loin et demander une réglementation plus sévère, faut-il adopter les conclusions formulées par M. Bollinger de Munich et approuvées par le comité médical supérieur de Bavière, faut-il notamment exiger que la viande de porc ladre non saisie soit cuite (généralement les cysticerques, cœnures et echinocoques sont tués entre 42° et 50°) sous la surveillance de la police ou débitée à un étal spécial avec l'indication de sa provenance et de sa qualité aux acheteurs? Je ne crois pas qu'on doive aller jusque là et j'estime que la règle adoptée à Lyon sauvegarde suffisamment la santé publique. — La ladrerie se reconnaît à la présence des cysticerques ou grains de ladre. Sur l'animal vivant l'examen de la bouche, et notamment de la face inférieure de la langue (languéyage), fait assez souvent apercevoir des grelons plus ou moins saillants, soulevant la muqueuse, plus ou moins visibles, et donnant à la pression digitale la sensation d'une élevure qui se laisse déprimer. Le languéyage, même bien fait, peut ne rien apprendre, soit que les kystes aient été ouverts ou extirpés, soit que les grains fassent complètement défaut dans la région explorée, ce qui arrive assez fréquemment. Du reste l'inspecteur n'a pas à se préoccuper beaucoup de l'examen du porc vivant au point de vue de la ladrerie; c'est sur le cadavre qu'il doit rechercher les caractères de la maladie. Les grains de ladre se reconnaissent à leur forme et à leur composition; ce sont des kystes ou vésicules, qui contiennent un liquide limpide et incolore, dans lequel on aperçoit un corps blanchâtre, qui n'est autre que le scolex du tœnia solium avec des ventouses et une double couronne de crochets. Dans la viande salée on les voit sous forme de petits corps arrondis, rosés, formés par le scolex et la membrane du kyste, dont le liquide a disparu. Quelquefois on trouve les grains de ladre desséchés, durs, calcifiés ou purulents. Sur le cadavre le cysticerque doit être recherché principalement dans certaines régions ; outre qu'on le rencontre fréquemment sous la langue, dans les muscles de la tête et du cou, on le trouve aussi dans les muscles du sternum, dans les muscles de l'épaule et du bras, dans les intercostaux, dans le diaphragme, dans les muscles abdominaux, dans ceux du bassin, de la cuisse, etc., dans le cœur, sur le foie, etc.

2°. — *Viandes trichinées.*

Les consommateurs de viandes de porc ont à redouter un danger assez sérieux, que crée parfois l'existence des trichines dans les muscles de cet animal. Ces parasites, petits vers filiformes, enroulés en spirale sur eux-mêmes et contenus dans des coques ou kystes logés entre les fibres musculaires, ne sont que des embryons sans sexe; mais, en passant dans les voies digestives de l'homme, ils se complètent et se multiplient. Aussi l'ingestion de la chair de porc atteint de trichinose peut occasionner une maladie grave et même la mort. Les kystes de trichine introduits dans l'estomac sont dissouts par les sucs digestifs, qui respectent le ver lui-même ; celui-ci mis en liberté, devient sexué et complète son développement, puis se marie et se multiplie en donnant naissance à de nombreux embryons filiformes, qui perforent la muqueuse intestinale et s'en vont, transportés par le torrent circulatoire, se fixer dans les muscles, où ils s'enkystent. C'est ainsi que l'homme peut s'infecter; d'ailleurs le porc de son côté s'infecte de la même façon, soit en ingérant des excréments de l'homme, qui contiennent des embryons, soit en mangeant des rats ou d'autres viandes infectées; les embryons libres ou enkystés. qu'il ingère, se comportent dans ses voies digestives comme ceux que l'homme prend lui-même. Et si le porc atteint de trichinose ne semble ordinairement pas incommodé par les parasites qu'il héberge, il n'en est pas toujours ainsi de l'homme, chez lequel on constate des accidents variés et plus ou moins graves, consistant en troubles digestifs gastro-intestinaux cholériformes d'une plus ou moins grande intensité, quand les vers évoluent dans l'intestin, en fièvre intense et prostration typhoïde, quand les embryons émigrent vers les muscles, en fourmillement, contractures, raideurs, douleurs rhumatoïdes parfois atroces, quand ils sont arrivés dans le tissu musculaire, en œdèmes, etc. La mort peut être la conséquence de l'infection trichineuse, et elle peut survenir à l'une ou à l'autre de ses périodes; quand les malades guérissent ou pour mieux dire quand ils résistent, ils ne se rétablissent souvent que lentement et leurs souffrances persistent longtemps. Dans certaines épidémies on a vu succomber un tiers des malades. En 1883, le Dr Brouardel, chargé d'aller étudier en Allemagne une épidémie de trichinose qui sévissait à Emersleben (village de 700 hab.), à Deesdorf (400 hab.), à Grœningen (3.000 hab.) et à Nienhagen (300 hab.), rapporta les observations suivantes. Dans les quatre villages la maladie avait eu pour origine l'ingestion de viande crue provenant d'un porc trichineux du pays, qui avait été reconnu sain par la personne chargée de l'inspection. Les premiers signes de la trichinose s'étaient montrés dès les premiers jours, qui avaient suivi l'ingestion, et on avait constaté une mortalité variable suivant que la viande trichineuse, qui avait été hachée et transformée en saucisses, avait été ingérée plus ou moins de temps après la mort du porc ; la nocuité avait été en « diminuant d'une façon très rapide à mesure que les consommateurs faisaient usage de cette viande à un moment de plus en plus éloigné du jour de la mort de l'animal ; ceux qui en mangèrent six jours après qu'il eut été tué furent encore malades, mais aucun ne mourut » ; chez ceux qui avaient consommé « de la viande le lendemain du jour de la mort de l'animal, les accidents graves avaient éclaté plus rapidement que chez ceux qui en firent usage les jours suivants »; il semblerait donc que l'activité reproductrice des trichines était allée en s'affaiblissant à partir des premiers jours. Dans une famille composée de cinq personnes quatre mangèrent de la viande trichineuse cuite et ne furent pas malades, mais la domestique, qui en avait mangé sans la faire cuire, fut atteinte. Un homme, qui avait mangé une forte ration de viande crue en buvant en même temps une forte dose d'eau-de-vie (1 litre et demi !), ne fut nullement indisposé. A Emersleben il y eut une mortalité de 33 pour cent parmi ceux qui avaient mangé la chair trichineuse le lendemain de la mort de l'animal. Outre que la viande trichineuse peut perdre plus ou moins vite et plus ou moins complètement sa nocuité sous l'influence de diverses causes, qui seront indiquées plus loin, l'homme qui n'ingérerait que quelques rares parasites ne serait pas sérieusement incommodé; ainsi le Dr Belfield de Chicago avala douze trichines, et ne fut nullement indisposé. Cependant il ne faudrait pas perdre de vue que chaque femelle de trichine peut pondre dans l'intestin des centaines d'embryons en très peu de temps et que l'ingestion d'un certain nombre de kystes constitue un sérieux danger.

Le porc, le rat et l'homme sont les hôtes de prédilection de la trichine ; on peut d'ailleurs rendre expérimentalement trichineux, non seulement le porc, le rat, la souris, mais aussi le chat, le chien, le lapin, le cobaye, les herbivores, le cheval, le bœuf, le mouton (voire même les reptiles et les amphibies en les maintenant à la température de 30°). L'homme s'infecte en mangeant de la viande crue, qui contient des embryons vivants ; le porc devient trichineux, en mangeant les déjections de l'homme, des débris de viande crue, des rats; et il reste indemne en plein pays de trichinose, quand on exclut de son alimentation ce genre de nourriture. Dans un pays où règne la trichinose, les rats, les chiens, les chats, les animaux herbivores peuvent s'infecter, les uns en mangeant des immondices ou des débris de viande crue, les autres en ingérant des fourrages ou des eaux souillées par les déjections des rongeurs, des carnivores et des oiseaux, qui n'offrant pas un milieu favorable au développement des trichines, les rendent vivantes. En effet chez les oiseaux (G. Colin) les embryons mis en liberté sont expulsés avec les déjections ; du reste il en est de même pour quelques-uns de ceux qui sont mis en liberté ou qui éclosent dans l'intestin des autres animaux ou de l'homme, ce qui explique le danger de leurs déjections.

L'Amérique et l'Allemagne sont les pays où sévit le plus souvent la trichinose. En Amérique on l'observe surtout chez le porc; tandis qu'en Allemagne on l'observe sur le porc et sur l'homme. Les Américains élèvent de très nombreux porcs, tant pour la nourriture des populations agricoles que pour l'exportation. On lit dans certains journaux que l'engraissement y est obtenu par l'emploi des grains et notamment du maïs, que l'hygiène y est bien entendue, que les malades sont isolés, que les cadavres sont enfouis ou brûlés ; tandis que d'autres impriment que les porcs reçoivent en Amérique une nourriture, que la plume se refuse à retracer, dans laquelle entrent pour une bonne part les déjections et les immondices, d'où le nom de vidangeurs économes qu'on leur donne. Quoiqu'il en soit les porcs américains élevés en très grand nombre dans les États-Unis, soit qu'ils jouent le rôle de vidangeurs, soit qu'ils s'emparent des débris ou détritus infectés de trichine, soit qu'ils croquent des rats ou des souris, qui s'étaient eux-mêmes infectés en dévorant de la viande crue, sont atteints de trichinose dans une assez forte proportion. Outre ceux qui périssent de la maladie et ceux qui sont reconnus malades avant l'abatage, on a eu constaté parfois une moyenne de 8 °/₀ de cas de trichinose sur les porcs bien portants en apparence et sacrifiés pour l'exportation ; on a été même jusqu'à dire que souvent les malades et les morts étaient vendus et préparés pour l'exportation. Les marchés les plus importants sont ceux de Chicago et de Cincinnati. En hiver on tue à Chicago de 20.000 à 60.000 porcs par jour ; l'abatage, le dépeçage, et la salaison se font avec des appareils mécaniques. C'est à Chicago même que le conseil de santé a constaté que les cas de trichinose sont en moyenne de 8 °/₀ sur les porcs abattus, à peu près 128 fois plus nombreux qu'en Allemagne. Malgré les nombreux cas de maladie constatés sur les porcs, la trichinose est relativement rare chez l'homme aux Etats-Unis ; et la raison en est que les Américains mangent très peu le porc sans le faire cuire. On a même invoqué l'habitude, qui existerait chez eux de destiner à l'exportation les animaux, qui leur paraîtraient malades ou suspects. Cependant la trichinose se montre aussi chez l'homme, à la suite de la consommation des viandes de porc, et occasionne de temps en temps des cas de mort plus ou moins nombreux; d'ailleurs les Américains apprécient, comme ils le méritent, leurs porcs, et quand ils sont obligés de faire usage de leur viande ils la soumettent à un contrôle sérieux, ainsi qu'en témoigne l'institution d'un comité d'examen pendant la guerre de sécession. La viande préparée à Chicago, à Cincinnati, etc., est dépecée et salée; les jambons sont salés et séchés ou fumés; ensuite les expéditions ont lieu dans tous les sens, principalement vers l'Europe. La fabrication laisse parfois à désirer, la salaison n'est pas toujours uniforme, le lard a quelquefois mauvais goût, etc.; mais la grande cause de dépréciation des salaisons américaines est la trichine. Dans les divers pays, qui en ont importé, en Italie, en Espagne, en Allemagne, en Autriche, en Belgique, en France, etc., on a constaté en effet, à maintes reprises et sur des échantillons plus ou moins nombreux, l'existence de la trichine enkystée. — En Allemagne la trichinose est moins fréquente chez le porc, mais beaucoup plus fréquente chez l'homme, qu'aux États-Unis, ce qui tient à l'habitude invétérée chez la population de manger la viande crue. Aussi de nombreuses épidémies ont-elles été observées ; toutes ou presque toutes sont dues à la consommation de la chair de porcs indigènes, qui n'avait pas été soumise à la cuisson. — En France la trichinose humaine a été excessivement rare jusqu'à présent ; il n'y a même que l'épidémie de Crépy-en-Valois, qui ait été réellement bien étudiée ; elle avait été occasionnée par la consommation de la viande d'un porc indigène. Les populations françaises doivent leur préservation à leurs habitudes culinaires, à la cuisson préalable qu'on fait subir à la viande. La trichine existe en France chez le rat et la souris et se transmet des uns aux autres par suite de l'habitude qu'ils ont de se manger entr'eux, (G. Colin), les plus faibles les malades et les morts devenant la proie des autres. Aussi le porc, le chat, le chien peuvent se contaminer à leur tour en dévorant ces rongeurs, et le porc devenir ensuite dangereux pour l'homme, après avoir multiplié à l'infini le parasite. — Lorsque en 1880 l'existence de la trichine fut constatée dans les salaisons d'Amérique importées en France, la même constatation avait été faite dans d'autres pays, notamment en Allemagne, en Autriche, en Italie, en Portugal, en Espagne; et déjà des mesures de prohibition avaient été prises en Italie, en Portugal, etc. Suivant en cela l'exemple déjà donné par d'autres gouvernements, et agissant en quelque sorte sous la pression de l'opinion publique, le gouvernement français, par un décret du 18 février 1881, interdit, sur tout le territoire de la République française, l'importation des viandes de porcs salées provenant des États-Unis d'Amérique. Un projet de loi présenté par le gouvernement en vue de réglementer, tout en l'autorisant, l'importation des viandes salées, fut rejeté en 1882 par le Sénat après avoir été adopté par la Chambre et malgré la démonstration de l'innocuité de la trichine qu'elles contiennent parfois. Par un nouveau décret du 27 novembre 1883 le gouvernement fit ce que le Sénat avait refusé de sanctionner par une loi, il rapporta le décret prohibitif de 1881, après avis favorable de l'Académie de médecine et du Comité cousultatif d'hygiène. Mais à peine ce nouveau décret venait de paraître que la Chambre des députés, dans sa séance du 22 décembre, émettait le vœu qu'il fut sursis à son exécution jusqu'à la discussion d'une proposition de loi dont elle était saisie. Aussi un troisième décret en date du 28 décembre 1883 vint déclarer qu'il serait sursis à l'exécution du décret du 27 novembre 1883, et que conséquemment serait suspendue, jusqu'à ce qu'il aurait été statué par une loi, l'importation des viandes salées provenant des États-Unis d'Amérique. Toutefois, afin de ne pas jeter le trouble dans les transactions commerciales déjà engagées entre le 27 novembre et le 28 décembre, s'inspirant en cela de ce qui avait été fait après le décret de 1881, à la suite duquel l'importation des viandes salées avait été, à raison de l'importance des opérations engagées, autorisée jusqu'au 20 mai de la même année, sous la réserve d'un examen microscopique, le décret du 28 décembre décidait que, pour les marchés déjà conclus, les viandes de porcs salées provenant des États-Unis pourraient être admises exceptionnellement jusqu'au 20 janvier 1884 par les ports du Havre, de Bordeaux et de Marseille, à la condition qu'il serait constaté qu'elles répondent au type connu dans le commerce sous le nom de « Fully-Cured », qu'elles sont saines, complètement salées et bien conservées. La France vit encore sous le régime de la prohibition ; il en est du reste ainsi de l'Italie, du Portugal, du Grand-Duché de Luxembourg, de l'Allemagne elle-même. L'Allemagne, ayant à se défendre contre ses propres porcs, a de plus institué et organisé un vaste service d'inspection, qui ne comprend pas moins de 18.000 agents chargés de visiter les animaux abattus. — La trichine se rencontrant sur les porcs des divers pays, et principalement sur les porcs d'Amérique, la question se pose de savoir ce qu'il y a à faire en France, pour prévenir l'infection de l'homme. Des moyens conseillés ou mis en pratique et qui sont l'inspection microscopique et la saisie, la prohibition en bloc, la salaison, la fumaison, la réfrigération et la cuisson, quels sont ceux qui doivent être préférés ?

L'inspection microscopique, c'est-à-dire la recherche de la trichine sur les animaux vivants, sur les cadavres et sur les viandes dépecées en vue de la saisie de celles qui sont infectées, est un moyen dont la valeur a été exagérée bien souvent ; car, outre qu'il est onéreux et dispendieux, il peut n'engendrer quelquefois qu'une sécurité trompeuse. La recherche de la trichine à l'aide du microscope n'exige pas cependant un long apprentissage. Les kystes, qui contiennent les trichines larvaires, se rencontrent principalement dans les muscles, dans les intercostaux, dans les muscles du tronc, dans ceux du larynx, dans ceux des membres, dans les masséters et surtout dans le diaphragme ; ils peuvent se former aussi dans la graisse et même dans les parois du tube digestif. Dans le muscle le kyste arrivé à son état d'achèvement a une couleur blanche, qui le rend visible à l'œil nu ; néanmoins l'emploi du microscope est indispensable pour bien le reconnaître. Un grossissement d'une trentaine de diamètres peut suffire, et même il vaut mieux se servir de ce faible grossissement pour aller à la découverte des kystes, attendu qu'on a ainsi plus vite parcouru une préparation, sauf à employer ensuite un objectif plus fort s'il s'agit d'apprécier les détails. S'il s'agit d'examiner les muscles d'un animal vivant, il faudra en extraire une parcelle dans certaines régions (masséter, membres, tronc) soit avec un harpon soit en pratiquant une petite opération ; on procèdera de même en présence d'un cadavre entier. S'il s'agit d'examiner des viandes dépecées on prélèvera des échantillons sur les divers morceaux, ensuite on pratiquera des coupes avec un bistouri, un scalpel ou un rasoir dans le sens de la longueur des fibres de manière à obtenir des parcelles assez minces, qu'on montera entre lame et lamelle avec une goutte d'eau, d'acide acétique ou de glycérine, ou bien on détachera avec des ciseaux fins de très petits fragments, qu'on dissociera ensuite grossièrement sur la lame avec des aiguilles pour les monter enfin de la même manière. Pour faire ces préparations on aura soin de prendre autant que possible des parcelles du muscle au voisinage de sa terminaison. Les préparations ainsi faites, seront comprimées, si elles ne sont pas assez transparentes, ensuite elles seront examinées et présentées successivement dans leurs divers points sous l'objectif. Les kystes se reconnaissent à leur forme de vésicules ovoïdes situées entre les faisceaux musculaires qu'ils ont refoulés mécaniquement, et qu'ils ont déformés en les comprimant ; à leur intérieur on aperçoit la trichine larvaire qui est enroulée en spirale ; le même kyste en contient quelquefois deux, rarement trois. Quand les préparations ont été faites avec des coupes pratiquées sur le muscle, on peut ne voir qu'une section du kyste et du ver. On a proposé certains artifices pour rendre la trichine plus sûrement et plus facilement visible, soit la dissociation des fibres musculaires au moyen de l'eau alcoolisée ou avec un mélange de 4 parties d'acide azotique et d'une partie de chlorate de potasse, soit la coloration avec la solution aqueuse de vert de méthyle, qui teint le kyste et non la trichine ; mais toutes ces précautions sont superflues avec des préparations convenablement faites. Quand les chairs sont infectées à un haut degré on arrive vite à la découverte de la trichine ; il n'en est pas ainsi dans les cas d'une infection moindre. Il est arrivé plus d'une fois, même à des chercheurs très experts, d'examiner une ou plusieurs préparations d'une même viande sans découvrir de kystes et de n'en trouver qu'après un certain nombre de tentatives infructueuses. D'où la nécessité de ne pas se contenter d'un seul examen et de multiplier les préparations, afin de n'être pas exposé à porter un faux jugement. On a eu fait 8, 10, 15, 20 préparations avant de découvrir une seule trichine. En Allemagne, où le service de l'inspection des porcs est fait par de si nombreux agents, la sécurité est cependant loin d'être parfaite ; on a eu vu plus d'une fois la trichinose occasionnée chez l'homme par les viandes de porcs qui avaient été inspectés, témoin l'épidémie d'Emersleben. L'examen des viandes est pratiqué à Berlin avec une rigueur et une méthode qui inspirent pleine confiance ; « soixante examinateurs inspectent au microscope les muscles diaphragmes, intercostaux, laryngés de chaque porc. » Dans le reste de l'Allemagne, malgré l'armée d'agents chargés d'inspecter la chair de porc, les accidents comme celui d'Halberstadt peuvent encore se produire, soit à cause de la négligence, soit à cause de l'inexpérience des inspecteurs, dont plusieurs ne sont pas vétérinaires. D'ailleurs, s'il est facile de vérifier en peu de temps l'état d'un porc encore entier, il n'en est plus de même quand il s'agit de viandes dépecées ; l'examen devant alors pour être sérieux porter sur tous les morceaux et se composer souvent d'une série de préparations, il en résulterait presque une véritable impossibilité. De tout ce qui précède les bons esprits concluent que l'inspection microscopique, en vue de faire saisir les viandes trichineuses, n'est pas le moyen qu'il convient d'employer, pour préserver l'homme du danger que présente pour lui le porc, soit qu'il vienne d'Amérique, soit qu'il vienne d'ailleurs. Les conclusions, que formulait récemment M. Thiernesse pour la Belgique, sont de tous points celles qui conviennent à la France : «outre l'impossibilité de pouvoir disposer de l'armée d'inspecteurs spéciaux bien exercés au maniement du microscope que nécessiterait cette institution, il pourrait en résulter encore une illusion dangereuse ; il ne serait point possible, quels que fussent leur nombre et leur habilté, que ces inspecteurs puissent soumettre à un examen complet toutes les pièces qui leur seraient présentées ; et cependant, parmi les viandes imparfaitement examinées, il pourrait s'en trouver qui fussent affectées. Or l'inspection, à laquelle il aurait été procédé sans déceler les vers cherchés, semblerait constituer une garantie pour le consommateur, qui userait alors en toute confiance de la viande débitée sous cette estampille officielle et serait ainsi plus exposé à l'infection trichineuse. » En France ce service ne serait d'aucune utilité ; il pourrait même devenir nuisible en inspirant une fausse confiance aux consommateurs, qui seraient plus portés à se relâcher de la bonne habitude qu'ils ont eue jusqu'à présent de demander leur sécurité à une bonne cuisson. Il n'a de raison d'être que dans les pays, où comme en Allemagne la population a l'habitude de manger la viande de porc crue ; et en tous cas il ne peut être considéré que comme une sauvegarde tout à fait impuissante.

Que penser du second moyen de préservation, c'est-à-dire de la prohibition en bloc des viandes de porc venant des pays où règne la trichinose, et notamment de la prohibition appliquée spécialement aux salaisons américaines? Dans certains pays l'importation des viandes salées d'Amérique est tolérée, dans d'autres elle est prohibée; en France la règlementation a varié, parce que l'opinion n'était pas bien fixée sur la nocuité ou l'innocuité des salaisons, qui étaient infectées de trichines. La question de l'importation des viandes étrangères est un problème dont la solution intéresse à la fois l'économie politique et l'hygiène publique, et au sujet duquel on est aujourd'hui profondément divisé dans notre pays. Aussi, pour juger sainement en cette matière, convient-il de passer en revue successivement les motifs sur lesquels s'appuie chaque opinion. Il y a en effet des partisans de la prohibition et des partisans de la libre importation. L'Académie de Médecine elle-même et le Conseil d'Hygiène publique n'ont pas toujours eu la même manière de voir. Les partisans de la libre importation, au nombre desquels se trouvent aujourd'hui l'Académie de Médecine et le Conseil d'Hygiène publique, invoquent : l'innocuité des viandes salées dans lesquelles les trichines ont été tuées par la salaison; l'habitude qu'on a en France de faire cuire la viande de porc, la destruction des trichines, qui auraient résisté à la salaison, par une cuisson convenable; enfin l'intérêt des classes indigentes. Les partisans de la prohibition soutiennent : que les salaisons américaines sont dangereuses, parce qu'elles peuvent contenir des trichines vivantes ; que l'habitude de faire cuire la viande n'est pas générale ou tend à ne plus l'être ; que d'ailleurs la cuisson peut respecter les trichines qui se trouvent dans le centre des gros morceaux et notamment des jambons cuits entiers ; quant à l'intérêt des classes indigentes, ils soutiennent qu'ils l'entendent mieux que leurs adversaires, attendu que depuis la prohibition la viande de porc, au lieu de devenir plus chère, n'a fait que baisser de prix. Il n'est pas douteux que les salaisons américaines sont dans une assez forte proportion infectées de trichines ; mais il faut rechercher si ces trichines sont encore vivantes, si elles peuvent se développer dans l'intestin et les muscles des animaux et de l'homme, si elles constituent un danger pour l'homme qui les ingèrerait sans cuisson convenable, si elles peuvent rendre trichineux les rats et autres animaux qui en mangeraient ; ce qui revient à se demander si la salaison et la fumaison ont tué les trichines dans les viandes que l'Amérique exporte après les avoir découpées en gros morceaux, après les avoir soupoudrées de sel et plongées dans la saumure pour les fumer ensuite avec l'acide pyroligneux. Pendant les années qui ont précédé la prohibition, les viandes américaines importées en France, dans une proportion croissante depuis 1876 à 1880, n'y ont jamais occasionné un cas de trichinose chez l'homme. Il en a été de même en Angleterre, en Belgique et dans les Pays-Bas où on importe beaucoup de salaisons américaines ; jamais on n'y a observé un cas de trichinose dû à leur consommation. On a bien signalé certaines épidémies comme ayant été occasionnées par les salaisons américaines, notamment à Brême (1875), aux Massachussets (1876), sur un bâtiment anglais (1879), à New-York (1880), à Madrid et à Malaga (1881), à Liège (1882); on aurait encore attribué à la consommation de viandes porcines américaines les épidémies de Dusseldorff (1881), de Rostock, etc. Cependant, au dire de Virchow, aucune épidémie ne saurait être attribuée en Allemagne, avec preuves scientifiques à l'appui, à l'importation des salaisons américaines; et si cette importation a été prohibée ça été en vue de parer à un danger possible mais non certain. De ce qu'aucun cas de trichinose n'avait été occasionné chez l'homme en France ou ne pouvait pas conclure à l'innocuité absolue des viandes américaines; il restait à démontrer si les trichines y étaient vivantes, si, le jour où la cuisson ne serait pas opérée, elles ne seraient pas dangereuses, si les rats ou autres animaux ne s'infecteraient pas en les mangeant et ne deviendraient pas à leur tour un danger. Diverses personnes, parmi lesquelles M. Decroix, se sont soumises elles-mêmes à l'expérimentation et ont mangé crue de la viande trichineuse sans en être aucunement incommodées. Des ouvriers du Havre ont consommé à diverses reprises des viandes trichineuses crues; il en a été de même d'employés et d'ouvriers à la gare des Batignolles à Paris; et on n'a signalé chez eux aucun dérangement. Du reste la plupart des expérimentateurs et notamment M. G. Colin, ont reconnu que la trichine des salaisons américaines était morte quand les viandes arrivaient en Europe; à Paris, à Thionville, à Strasbourg, à Munich, à Lyon, à Rouen, à Anvers, à Bâle, à Utrecht, à Rotterdam, en Italie, les expérimentateurs n'ont pas réussi à trichiniser les animaux qu'ils ont nourri un temps plus ou moins long avec des viandes salées d'Amérique. Cependant, au milieu de ce concert, détonnent quelques avis opposés basés sur des observations d'infection par les salaisons américaines et sur des expériences dans lesquelles on a réussi (MM. Chatin, Bouley, Fourment), à infecter des rats et des cochons d'Inde en leur faisant manger des viandes salées et fumées. Ainsi M. Fourment a trouvé, dans des salaisons préparées depuis au moins quinze mois, des trichines vivantes, qui ont pu évoluer dans l'intestin de nouveaux hôtes et déterminer des accidents mortels. On cite également une endémie de trichinose observée en 1877 à Thionville, où neuf cas de mort et cent quatre cas de maladie auraient été occasionnés par les trichines d'un jambon d'Amérique; on cite aussi des cas de trichinose provoqués chaque année en Allemagne, en Suède, en Norvège, par les jambons salés d'Amérique; mais tous ces faits sont-ils bien authentiques, et le doute n'est-il pas permis devant l'affirmation de Virchow, qui déclare, ainsi que nous l'avons vu, que aucune épidémie ne peut en Allemagne être attribuée avec preuves scientifiques à l'appui, à l'importation des salaisons américaines. On comprend d'ailleurs que la salaison puisse laisser quelques trichines vivantes au centre des gros morceaux, surtout pendant l'été et surtout quand elle dure trop peu de temps ; mais en définitive la persistance de la vitalité des trichines dans les viandes américaines arrivant en Europe est une exception. Il est parfaitement établi que la salaison d'une certaine durée tue la trichine; et l'addition d'une minime quantité d'acide sulfurique à la saumure en accélèrerait encore la mort. D'après les expériences de M. G. Colin, « la salaison incomplète effectuée depuis six, huit, « dix jours ne tue pas les trichines et ne leur ôte « point la faculté de se développer dans l'intestin. « La salaison complète tue promptement les tri- « chines dans les parties superficielles des morceaux « plongés dans la saumure ou soupoudrés de sel, « mais elle laisse encore pour longtemps les tri- « chines vivantes dans les parties profondes, qui se « pénètrent de sel avec lenteur. Dans les parties de « profondeur moyenne le jambon n'a pas plus de « trichines vivantes que dans les couches superfi- « cielles ; il n'en a même plus au bout de deux mois « près des os ou dans les parties les moins saturées « de sel, mais dans les parties profondes sur les « jambons de grand volume, qui n'ont pas séjourné « un temps très long dans le sel, il reste des tri- « chines vivantes au moment où la pièce est tirée de « la saumure et les trichines n'y meurent qu'à la « longue. Il est certain que les trichines sont mortes « dans les couches superficielles et moyennes des « jambons, et qu'elles passent à l'état de cadavres « dans l'intestin des animaux ou de l'homme, qui « ingérent cette charcuterie salée ou dessalée. Quant « aux couches profondes, elles conservent, dans les « premiers temps qui suivent la salaison, des tri-

« chines destinées à mourir quelques semaines ou « quelques mois après les plus superficielles, sui- « vant le volume des pièces et la quantité de sel « dont elles sont pénétrées. Dans les saucissons « même faiblement salés les trichines sont tuées « déjà au bout d'une quinzaine de jours. Elles le « sont à toutes les profondeurs et mieux encore que « dans le jambon à cause de la diffusion plus rapide « et plus complète du sel dans toutes les parties de « la masse. La salaison tue donc assez rapidement « les trichines. Quinze jours suffisent pour les tri- « chines des parties superficielles, un mois, six se- « maines pour celles des parties profondes; deux « mois, trois mois dans les pièces les plus volumi- « neuses. » Les faits d'observation témoignent du du reste de l'influence du sel, car dans les épidémies de trichinose on a généralement constaté que la maladie était moins grave chez les personnes, qui avaient mangé de la viande salée sous forme de saucisses ou de saucissons. — Divers moyens peuvent être employés à l'effet de s'assurer de la vitalité des trichines contenues dans les viandes salées. En chauffant à 38° ou 40° la préparation qui contient des parasites, on les voit exécuter des mouvements, se dérouler s'ils sont sortis de leur kyste ou s'enrouler dans le cas contraire, quand ils sont vivants; tandis que ceux qui sont morts demeurent immobiles. Les trichines mortes, de même d'ailleurs que les autres parasites morts, s'imprègnent plus facilement de certaines matières colorantes; ainsi elles se colorent comme le muscle par le violet de méthylaniline, le picrocarminate d'ammoniaque, le bleu d'aniline, etc., tandis que les trichines vivantes ne se colorent pas et tranchent de la sorte sur les fibres musculaires colorées ; la trichine vivante résiste plus de huit jours à l'imprégnation par le violet de méthylaniline, et il suffit de la tuer en la chauffant pour la voir se colorer presque instantanément. En faisant ingérer, après avoir pris soin de les dessaler par une immersion de quelques heures dans de l'eau tiède, des morceaux de viandes trichineuses, à des animaux susceptibles de s'infecter, tels que les rats et les cochons d'Inde, on peut aisément et très sûrement s'assurer si les parasites sont ou ne sont pas morts ; s'ils ne sont pas morts les animaux s'infecteront et il ne sera pas besoin d'attendre longtemps pour être pleinement édifié, on n'aura qu'à sacrifier les animaux quelques heures, vingt à quarante-huit heures après le repas, et en examinant au microscope le contenu de l'intestin on y trouvera des trichines vivantes. Mais le mieux sera de se servir des oiseaux, moineaux ou autres, pour faire cette constatation. Les oiseaux ne s'infectent pas, avons-nous vu, mais les trichines, qu'ils ingèrent vivantes, se développent dans leur intestin, y deviennent sexuées et se remplissent d'embryons, tandis que les trichines mortes y sont digérées. Si, en examinant au microscope les excréments rendus à la suite d'une alimentation avec des viandes trichineuses, on trouve des trichines vivantes, si, en sacrifiant les animaux quarante-huit heures après l'ingestion de la viande infectée pour examiner le contenu de l'intestin, on rencontre des trichines vivantes en voie de devenir sexuées, la démonstration sera faite. Quand on tue les animaux, deux, trois, quatre, cinq heures après le repas, on peut retrouver dans leur intestin les trichines mortes qu'ils ont ingérées, elles se montrent déroulées, mais elles sont immobiles et elles disparaissent ensuite. M. G. Colin, après avoir expérimenté sur des salaisons américaines saisies à Lyon, à Paris, à Bordeaux, et après n'y avoir rencontré aucune trichine vivante conclut ainsi : « Les salaisons américaines, dans les conditions et les délais où elles nous arrivent, ne paraissent donc pas aptes à transmettre la trichinose, à supposer qu'elles soient consommées crues ou après une cuisson imparfaite. Néanmoins, il est possible que, parfois, dans les plus récentes, dans celles d'un grand volume ou mal imprégnées de sel, il reste quelques helminthes vivants. Aussi, en prévision d'un danger certainement rare et peu grave, serait-il sage de surveiller encore ces salaisons, si les mesures de prohibition qui les frappent étaient rapportées. »

En résumé, la salaison et la fumaison ont une action d'autant plus efficace, pour tuer la trichine musculaire, qu'elles sont mieux pratiquées et effectuées depuis plus de temps. C'est en s'inspirant des données qui précèdent que l'Académie de Médecine décidait que l'importation des viandes porcines salées d'Amérique pourrait être autorisée en France, tout en reconnaissant l'utilité de la cuisson pour faire disparaître complètement tout danger.

Pour se faire une opinion complètement raisonnée sur les motifs qui militent en faveur de la liberté d'importation et sur ceux qu'on invoque pour la proscrire, il reste à examiner la valeur de la cuisson et du refroidissement comme moyens de conjurer le danger de la trichine. D'une manière générale il est admis, d'après l'observation et d'après l'expérimentation, que la cuisson et surtout la cuisson dans l'eau, telle qu'on la pratique ordinairement en France, suffit pour détruire les trichines musculaires; cependant les viandes rôties en morceaux volumineux peuvent ne pas ressentir à leur centre une température suffisante pour tuer le parasite; et il en est ainsi des viandes bouillies, quand les pièces sont considérables, et quand la cuisson n'est pas assez prolongée. Une température de 70° à 75° tue infailliblement la trichine; mais les procédés de cuisson usités pour les préparations culinaires peuvent ne pas donner ce degré de température. Ainsi M. Laborde aurait trouvé des trichines vivantes au centre d'un jambon chauffé à 118°; ainsi MM. Girard et Pabst ont constaté qu'il faut en moyenne six heures et demie d'ébullition dans l'eau pour que le centre d'un jambon arrive à 70°, et dix heures pour qu'elle monte à 85°. D'où il faudrait conclure que les charcutiers et les restaurateurs, qui ne les font bouillir que quatre ou cinq heures, exposent à un danger réel le consommateur, quand il s'agit d'une viande infectée. D'ailleurs on cite quatorze épidémies de trichinose, dans la seule localité d'Hettstaedt en Allemagne, provoquées par la consommation du fromage de cochon, qui avait été soumis en deux fois à une cuisson peu prolongée. D'où la conclusion que la cuisson n'offre qu'une garantie relative, que les habitudes culinaires ne méritent pas qu'on leur accorde une confiance illimitée, que d'ailleurs elles sont loin d'être assez constantes même en France, où l'on cuit assez fortement la viande, pour donner dans tous les cas aux consommateurs une immunité certaine.— D'après des expériences faites par MM. H. Bouley et Gibier une réfrigération à vingt ou quinze degrés au-dessous de zéro tue les trichines larvaires; mais ce moyen n'a pas encore reçu une application pratique.

Telles sont les données du problème au point de vue hygiénique. Quelle solution pratique convient-il de lui donner? Faut-il continuer le régime de la prohibition? Quelles précautions faut-il prendre si on le fait cesser?— En définitive il est certain que la salaison et la fumaison, appliquées aux viandes porcines américaines, constituent une très sérieuse garantie, qui est d'ailleurs accrue ou presque complétée par l'habitude qu'a le consommateur français de les faire cuire. Aussi semble-t-il qu'il y a lieu d'en revenir au régime de la liberté : en se bornant aux précautions indiquées précédemment à propos du décret du 28 décembre 1883; en imposant une visite sommaire des salaisons à leur arrivée dans les ports ouverts à leur importation, à l'effet de s'assurer qu'elles répondent au type « Fully-cured », c'est-à-dire qu'elles sont salées profondément, qu'elles sont fermes, qu'elles sont saines, bien conservées, qu'elles donnent au sondage une odeur agréable, une odeur franche de noisette, qu'elles ont bon aspect; en adressant des instructions aux populations; en invitant les autorités locales à en surveiller le commerce; et en obligeant les marchands à ne pas les vendre pour de la viande préparée en France. D'ailleurs pourquoi se montrer plus sévère à l'égard des salaisons américaines, dans lesquelles la trichine est presque toujours morte, que vis-à-vis des porcs que l'Allemagne nous envoie et qui sont bien plus dangereux pour ceux qui ne cuisent pas ou cuisent mal leur viande. Que si enfin le prix de la viande de porc a baissé même après la prohibition, peut-on affirmer qu'elle n'eût pas baissé davantage sans cette mesure. Quant à l'inspection microscopique, malgré son utilité, il n'y a pas lieu d'y soumettre couramment les viandes porcines américaines pour les motifs déjà indiqués; elle doit être bornée aux viandes qu'on soupçonne infectées de trichines vivantes et qui sont les seules qui puissent légitimer la saisie.

3° VIANDES PROVENANT D'ANIMAUX ATTEINTS D'ACTINOMYCOSE. — L'actinomycose a quelquefois en Allemagne entraîné la saisie des viandes provenant d'animaux atteints de cette affection. C'est une maladie de nature parasitaire, jadis connue sous les noms d'ostéosarcôme, de spina-ventosa, d'ostéoporose, de cancer des os, de farcin du bœuf, etc., déterminée par la multiplication d'un champignon, qui affecte une disposition rayonnée, et qui a reçu pour cela le nom d'actinomyce. L'actinomycose est surtout fréquente chez les animaux bovins; on l'a aussi observée chez le porc et chez l'homme; elle serait enfin transmissible à la chèvre, au lapin et même au chien. Chez l'homme, la maladie se montre sous forme d'abcès multiples avec trajets fistuleux dans les régions cervicale, thoracique et abdominale. Chez les grands ruminants, elle s'accuse ordinairement par un ostéosarcôme de la mâchoire, par des nodules tuberculiformes dans la langue, et quelquefois par des tumeurs développées autour de la gorge, dans le pharynx, dans le larynx, dans le nez, dans les sinus, dans le poumon, où elles simulent la tuberculose, dans le foie, sur l'intestin (plaques de Peyer), etc. ; le plus souvent on trouve la maladie localisée à la mâchoire, à la langue, etc. Chez le porc les lésions se rencontrent surtout dans les muscles, où elles se montrent sous forme de petits grains jaunâtres; j'en ai eu trouvé en examinant les salaisons américaines trichineuses; on en voit aussi quelquefois dans le cœur, dans la mamelle, dans les amygdales. Chez le cheval elle a été signalée sous forme de tumeurs. En incisant une tumeur actinomycosique de la mâchoire du bœuf par exemple, on voit au sein d'un tissu lardacé des points ou grains jaunâtres, faciles à extraire et qui plus tard s'infiltrent de calcaire ou se ramollissent; d'ailleurs l'os est hypertrophié et envoie des prolongements dans la substance de la tumeur, dans laquelle existent parfois des centres purulents, des trajets fistuleux. Pour constater la nature de la lésion, il suffit d'extraire un de ces grains jaunâtres et de l'écraser légèrement entre lame et lamelle dans une goutte de glycérine ou d'eau; l'examen fait à un grossissement de 200 à 300 diamètres laisse voir aussitôt le centre de cette petite masse constitué par des colonies d'actinomyces. De même l'examen d'une goutte du pus contenu dans les points ramollis amène à la même constatation ; les détails des parasites peuvent être ensuite étudiés à un plus fort grossissement. Les actinomyces se montrent sous formes de touffes ou de masses globuleuses, lobulées, ayant de 0mm 1 à 0mm 5 de diamètre ; ils sont formés d'éléments nombreux partant du centre de chaque masse pour se diriger vers la périphérie, où ils se terminent par autant de petits renflements. Cet aspect radié, qu'affecte l'ensemble des éléments constitutifs de chaque actinomyce, rappelle dans une certaine mesure « l'insertion des fleurons au centre du capitule d'une fleur composée ». Les éléments, qui donnent cet aspect radié à l'actinomyce, sont des cellules allongées, claviformes, très rapprochées les unes des autres ; les unes plus longues, terminées par un renflement piriforme très manifeste ; les autres plus courtes, plus minces, plus pâles et à peine renflées à leur extrémité. La surface extérieure de l'amas est constituée par les extrémités renflées des éléments claviformes ; elle simule l'aspect extérieur du fruit de la ronce ; en un mot l'actinomyce, abstraction faite pour le moment de son centre, pourrait être comparé à une pelote arrondie sur toute la surface de laquelle on aurait implanté des épingles de diverses dimensions. Dans le centre de l'amas qui représente un actinomyce, la compression et la dissociation permettent de voir un mycélium délié, à filaments ramifiés et entrecroisés dont les terminaisons sont renflées et constituent les éléments claviformes ; entre les filaments de mycélium se voient en plus ou moins grand nombre des éléments corpusculaires analogues à des spores. Les éléments claviformes considérés comme de véritables conidies se montrent souvent flexueux, festonnés, rameux; et les rameaux ou bourgeons, qui en émergent, s'accroissent, se renflent en conidies à leur extrémité libre et s'amincissent en filaments de mycélium à leur base. Dans les grains anciens et notamment dans ceux qui sont infiltrés de calcaire, il est nécessaire de faire agir un acide, pour bien rendre visibles les détails du champignon. Dans les points ramollis et purulents l'actinomyce semble formé seulement par un feutrage de mycélium. Du reste le parasite résiste à l'action des acides et des solutions alcalines; il se colore en jaune par l'iode, par l'acide picrique, et s'imprègne des couleurs d'aniline. Les tumeurs déterminées par les actinomyces évoluent ordinairement avec lenteur et sont dues à l'irritation que provoque et entretient le parasite; elles peuvent être sinon reconnues, au moins légitimement soupçonnées sans recourir à l'examen microscopique, grâce à leur aspect et à leur siège. Elles sont généralement arrondies, noueuses, plus ou moins dures; à la coupe elles se montrent formées d'une gangue de substance conjonctive, dans laquelle l'œil aperçoit disséminés et plus ou moins nombreux, isolés ou réunis en amas, des grains grisâtres ou jaunâtres, faciles à énucléer, dont le centre est constitué par des actinomyces. Il n'est pas démontré que la maladie se transmette directement des animaux à l'homme, mais cela est fort probable, attendu qu'elle a été inoculée avec succès par la voie de plaies cutanées, attendu qu'on peut la transmettre expérimentalement à des sujets sains et notamment au veau avec la plus grande facilité, surtout en injectant des actinomyces dans la cavité péritonéale; il se développe alors des tumeurs multiples et quelquefois une véritable tuberculisation actinomycosique dans le poumon. Faut-il, d'après ce qui précède, conclure que les inspecteurs de la boucherie devront saisir les viandes des animaux atteints d'actinomycose? La maladie se montre quelquefois sur les animaux destinés à la consommation, car dans deux visites faites en janvier et février 1884 au moins important des abattoirs de Lyon, j'en ai trouvé trois cas, dont un sur le maxillaire, le second sur la langue et le troisième dans le pharynx, tous les trois reconnus parfaitement authentiques à l'examen microscopique. La manière de voir, que formulaient, il n'y a pas longtemps, en Belgique MM. Wehenkel et Willems, me semble devoir inspirer la ligne de conduite des inspecteurs. Le médecin vétérinaire, inspecteur des viandes se trouvera rarement forcé de rejeter de la consommation un animal atteint d'actinomycose, par la raison que l'abatage a lieu avant que la généralisation de la maladie et le marasme ne soient survenus. Il convient néanmoins d'établir une distinction, et de décider que la constatation de l'existence d'actinomyces nombreux dans les muscles du porc (ou du bœuf) devrait entraîner la saisie. Enfin s'il n'est pas indiqué de saisir la viande, quand le mal est localisé, soit à la mâchoire, soit à la langue, soit au pharynx, soit au poumon, etc., et quand la bête est en bon état, on devra saisir la partie malade et se montrer même plus sévère quand l'animal sera très maigre.

On peut enfin rencontrer dans la viande de porc, outre les psorospermies dont il a été question plus haut, des champignons (Haplococcus) sous forme de sporanges ou de spores, et même des vers (sortes de distomes) soit enkystés, soit caudés ou dépourvus de queue, sans que la saisie s'impose.

4° VIANDES CHARBONNEUSES. — C'est avec raison que la loi sanitaire prohibe la consommation des viandes charbonneuses, puisqu'elles sont doublement dangereuses; dangereuses à manipuler et susceptibles de transmettre la pustule maligne à l'homme; dangereuses par leur ingestion, car insuffisamment cuites ou même bien cuites elles peuvent communiquer le charbon, quand des spores ont eu le temps de s'y former. Les cas de transmission à l'homme par la manipulation des cadavres, des viandes et des débris charbonneux, sont fréquents; d'un autre côté l'expérience a démontré (Boutet) que le suc d'une viande charbonneuse incomplètement cuite est inoculable; enfin on a observé plus d'une fois le charbon interne sans accidents extérieurs chez des hommes, qui avaient ingéré des viandes charbonneuses, ou qui travaillaient à la préparation des peaux; joignez à tout cela que les viandes charbonneuses bien cuites et supposées privées ainsi de tous germes sont dangereuses au même titre que les viandes fiévreuses. C'est en vain qu'on objecterait l'habitude qu'ont eue de tous temps les populations des régions, où sévit le charbon, d'utiliser, pour leur consommation, la viande des moutons et des bœufs charbonneux, pour prétendre que la cuisson fait disparaître le danger ; car elle peut ne pas l'effacer tout à fait, soit qu'elle demeure incomplète, soit que des spores aient eu le temps de se former ; et d'ailleurs il reste toujours le danger résultant de la manipulation. La vente des viandes charbonneuses constitue un délit, qui tombe non-seulement sous l'application de la loi sanitaire mais aussi sous celle de la loi du 27 mars 1851 ; en 1876 le tribunal correctionnel de Chartres condamnait un propriétaire et un boucher, l'un pour avoir vendu de la viande charbonneuse et l'autre pour l'avoir achetée afin de la revendre. — Les seuls moyens d'établir sûrement l'existence du charbon sont l'examen microscopique et l'inoculation ; les résultats de l'inoculation se faisant attendre trop longtemps en matière d'inspection, c'est l'examen microscopique qui reste comme le seul moyen de diagnostic absolument sûr et rapide. Toutes les fois que les inspecteurs soupçonneront le charbon sur un animal malade, sur un cadavre, sur des quartiers ou des morceaux de viandes introduits du dehors, ils pourront et devront même, pour s'éclairer d'une façon exacte, recourir à l'examen microscopique à l'effet de rechercher le bâtonnet ou la bactéridie. L'examen microscopique à un grossissement de 500 diamètres permet toujours d'établir un diagnostic absolument sûr, quand il fait constater dans le sang, dans les ganglions, dans la rate, dans les muscles, etc., l'existence de bâtonnets immobiles, droits ou coudés, cylindriques, formés de un, deux, trois sègments ou articles. Pour établir le diagnostic à l'aide du microscope, on fera des préparations avec le sang des vaisseaux ou des hémorrhagies, avec les produits exsudés, avec le produit des taches, des ecchymoses, avec le produit raclé sur des coupes d'organes, de ganglions, de poumon, de rate, de foie, de reins, de muscle, etc., avec le produit raclé sur des muqueuses, sur la muqueuse de l'estomac, de l'intestin, de l'utérus, etc.; on recueillera ces produits avec un instrument tranchant, si on doit faire l'examen sur place; on aura soin de faire des préparations peu épaisses, on pourra y ajouter une goutte d'eau ou mieux une goutte d'acide formique, qui rend les bâtonnets très visibles en éclaircissant les autres éléments de la préparation. Quand l'examen ne devra pas avoir lieu sur place, on recueillera du sang avec des tubes qu'on scellera, on emportera des fragments d'organe, on pourra même les conserver provisoirement dans l'alcool, ou bien on fera les préparations sur place. Il peut arriver que les bâtonnets soient très pâles, peu abondants et difficiles à apercevoir; on pourra alors les colorer pour les rendre plus visibles. On étalera sur une lame une gouttelette de sang ou de tout autre produit en couche très mince, on laissera sécher quelques instants, ensuite on ajoutera une goutte d'une solution de fuchsine, ou de violet de méthyle ou de violet de gentiane ou de safranine, etc., puis on montera dans la glycérine et on portera la préparation sous le microscope. L'examen microscopique peut, dans certains cas, laisser planer l'incertitude sur le diagnostic, notamment lorsque la mort remonte à une certaine date, lorsque les bâtonnets se sont détruits ou transformés en spores. Aussi est-il bon que les inspecteurs s'appuient dans une certaine mesure sur d'autres données que celles que leur peut fournir le microscope ; d'ailleurs ce n'est guère qu'autant qu'ils auront déjà constaté certaines lésions, certaines altérations, qu'ils auront à rechercher s'il s'agit ou non du charbon au moyen du microscope. Sur le cadavre entier on sera en droit de soupçonner le charbon quand on saura qu'il provient d'un pays où sévit la maladie, quand le tissu sous-cutané sera congestionné, ecchymosé, quand le sang sera noirâtre, incoagulé, quand les muscles seront ecchymosés, quand les ganglions, la rate, le poumon, les reins, le foie seront congestionnés, hypertrophiés, ecchymosés, etc. Sur des quartiers et sur des morceaux introduits du dehors on devra soupçonner encore le charbon, quand le pays d'origine sera ravagé par l'affection, quand la viande sera molle, friable, fiévreuse, saigneuse, ecchymosée, infiltrée, quand les vaisseaux contiendront du sang noirâtre, quand les muscles se montreront à la coupe ecchymosés et couleur chair de saumon ou foncés, quand les ganglions seront hypérémiés, noirâtres, infiltrés, ramollis, quand les plèvres et le péritoine seront injectés, ecchymosés, etc. Du reste la chair peut varier beaucoup dans son aspect, suivant que l'animal a été plus ou moins bien saigné, suivant qu'il a été sacrifié au début de la maladie ou à la fin ; elle offre les caractères des viandes mortes ou malades sur les muscles de la cuisse, à la fesse, au bassin, sur les plèvres, sur le péritoine et le diaphragme. Elle est plus ou moins saigneuse, plus ou moins rougeâtre, jaunâtre, brunâtre ou lavée, plus ou moins molle, plus ou moins friable, plus ou moins ecchymosée, infiltrée et parsemée de points hémorrhagiques, elle a une graisse plus ou moins foncée; elle présente à des degrés variables des infiltrations séro-sanguinolentes et une décoloration du tissu musculaire à la cuisse, à l'épaule, dont les muscles pâlis prennent une teinte saumonée au contact de l'air ; elle offre quelquefois une teinte plombée sur la coupe ou une teinte marbrée de gris terreux et de rouge ; elle ne présente parfois que des lésions insignifiantes, par exemple un peu de mollesse, quelques taches ecchymotiques dans le tissu cellulaire, une teinte un peu anormale du muscle, etc. Quand à propos d'une viande suspecte, provenant d'un pays à charbon, sur laquelle on aura constaté quelques-unes des altérations précitées, le microscope ne fera apercevoir aucun bâtonnet parce que l'examen sera tardif, la saisie devra néanmoins être opérée, avec d'autant plus de raison que en pareil cas l'altération due à un commencement de fermentation putride sera plus ou moins évidente. En tous cas, quand un premier examen microscopique ne fait apercevoir aucun bâtonnet dans une préparation faite avec une viande suspecte, il conviendra d'en faire un second, un troisième, etc., en puisant de la matière dans divers tissus.

5° MORVE. — FARCIN. — DOURINE. — RAGE. — La loi sanitaire prohibe aussi avec raison l'utilisation de la viande d'animaux atteints de l'une de ces maladies. Les animaux solipèdes devant toujours être examinés vivants et aussitôt après l'abattage, alors que tous les viscères peuvent être explorés, il sera facile ordinairement à l'inspecteur de reconnaître l'existence de la morve ou du farcin ; il devra saisir, non-seulement quand il constatera les altérations les plus caractéristiques de l'affection, mais encore quand il rencontrera dans les viscères, dans le poumon, dans le foie, etc., des lésions douteuses, des nodules enkystés, avec ou sans centre caséeux, des nodules crétacés, etc. Comme les viandes charbonneuses, les viandes morveuses ou farcineuses sont dangereuses pour l'homme par leur manipulation et par leur ingestion. On devra d'ailleurs exclure de la consommation les animaux autres que les solipèdes, tels que moutons, chèvres, qui présenteraient des signes de morve. — Quant à la viande des animaux atteints de rage, aucun signe particulier ne saurait la faire reconnaître, de même du reste que la viande morveuse quand les viscères font défaut ; l'inspecteur en est réduit à une appréciation basée sur les caractères généraux des viandes malades toutes les fois qu'il n'a pas vu l'animal en vie, toutes les fois qu'il n'a aucun renseignement sur les antécédents, toutes les fois qu'il n'a pas vu le cadavre entier avec les viscères. La viande des animaux enragés une fois cuite serait inoffensive au point de vue de la contagion, mais elle peut contenir des substances toxiques, et puis le nom seul de la maladie effraie à un tel point les populations qu'il est parfaitement rationnel d'en prohiber la consommation ; d'ailleurs la loi est formelle et elle doit être obéie.

6° PESTE BOVINE. — PÉRIPNEUMONIE CONTAGIEUSE. — CLAVELÉE. — FIÈVRE APHTEUSE. — La loi sanitaire, dans son article 14, prohibe la consommation des cadavres des animaux quels qu'ils soient, morts ou abattus pour cause de peste bovine, et cette prohibition est motivée par le danger de dissémination de la maladie. L'homme peut consommer la chair des animaux atteints de typhus sans qu'il en résulte aucun trouble pour sa santé. Pendant certains blocus, pendant celui de Strasbourg en 1815 et pendant celui de Paris en 1870-71, les assiégés se sont nourris de la chair provenant d'animaux typhiques sans en être incommodés. Mais si, dans des circonstances exceptionnelles, il est utile ou nécessaire de tolérer et de conseiller même l'utilisation des viandes typhiques, il ne faut pas en conclure que cette pratique devrait recevoir cours dans toutes les circonstances. Pour éviter tout danger de dissémination des germes de l'affection, il convient généralement de s'opposer, comme la loi l'exige, à l'utilisation des chairs provenant d'animaux malades sans distinction entre les cas graves et les cas bénins. Il y a même lieu de prohiber, ou tout au moins de réglementer l'utilisation et le colportage des viandes provenant des animaux simplement suspects, ainsi que l'exigent les articles 12, 13 et 15 du décret du 22 juin 1882. L'article 15 parle en effet des cadavres « des animaux abattus comme suspects, dont les chairs et les débris, n'ont pas été utilisés » ; et l'article 12 dit que les chairs des animaux abattus, pour avoir été seulement exposés à la contagion, ne pourront être colportées que dans les conditions qui seront déterminées par le Ministre de l'agriculture. En 1871-72 on a permis, en l'entourant de précautions minutieuses, l'utilisation et même le colportage des viandes d'animaux abattus en cours de maladie; C'est ce qui pourrait encore se faire le cas échéant, après autorisation et règlementation ministérielle, si une épizotie de peste bovine englobait une étendue considérable de pays; mais il ne saurait être question d'utiliser les animaux gravement atteints, dont la chair aurait les caractères et offrirait les inconvénients des viandes saigneuses, fiévreuses, dont les viscères présenteraient à un degré très accusé les lésions de la maladie, et dont les tissus seraient plus ou moins modifiés dans leur aspect, ecchymosés, etc. En tous cas, il devra en être référé au Ministre, même pour les animaux simplement suspects. Les viandes devront être emballées après refroidissement; elles seront enveloppées de linges et placées dans des corbeilles; les véhicules servant à leur transport, seront disposés de façon à ne laisser tomber aucune partie, ni liquide, ni solide, et seront désinfectés ainsi que les linges et les corbeilles après le transport; les personnes employées à leur chargement et déchargement seront soumises à la désinfection etc. D'ailleurs les maires, sur l'avis des vétérinaires, prescriront toutes les précautions et les mesures qui seront jugées utiles pour éviter le danger de la contagion.

La chair des animaux péripneumoniques, n'étant pas dangereuse pour l'homme (1), pourra toujours,

(1) Il n'est pas certain que la péripneumonie n'offre aucun danger pour l'homme; un fait relaté dernièrement par M. Randou tendrait

moyennant certaines précautions, être livrée à la consommation, hormis les cas de mort naturelle, de saignée tardive, de gravité très accusée de la maladie, de complications de septicémie, de maigreur, etc. L'article 14 de la loi sanitaire, qui prohibe la consommation de la chair des animaux morts de maladies contagieuses, quelles qu'elles soient, ainsi que celles des animaux abattus pour cause de peste bovine, de morve, de farcin, de charbon, de rage, laisse en effet en dehors de sa proscription les viandes provenant d'animaux abattus pour cause de péripneumonie; et les articles 23 et 26 du décret du 22 juin 1882 indiquent les conditions de leur utilisation, ainsi que de celles des animaux simplement suspects. L'article 26 vise particulièrement la chair des animaux abattus pour cause de péripneumonie, et décide qu'elle ne pourra être livrée à la consommation publique qu'en vertu d'une autorisation du maire, sur l'avis conforme du vétérinaire délégué; il appartient donc à ce dernier d'apprécier la gravité de l'affection et de décider si la viande n'offre pas les caractères de celles que nous avons appelées fiévreuses, saigneuses, etc. D'ailleurs dans les communes où existe un abattoir avec un service d'inspection des viandes, l'intervention directe du maire ne sera pas nécessaire; c'est le service d'inspection qui appréciera; en tous cas les poumons seront saisis, détruits ou enfouis. — Aux abattoirs, les vétérinaires

---

à démontrer que cette maladie est transmissible aux personnes. Deux enfants l'auraient contractée en buvant du lait de vache malade et en seraient morts, à supposer que la nature de leur maladie ait été bien déterminée.

inspecteurs rencontrent fréquemment des lésions de péripneumonie sur les grands ruminants, et assez souvent il leur est difficile de dire s'ils se trouvent en présence de l'affection contagieuse ou d'une simple inflammation ordinaire. C'est qu'en effet les lésions de la péripneumonie contagieuse ressemblent beaucoup à celles de la pneumonie non contagieuse. Pourtant la première s'accompagne généralement d'un mouvement exsudatif plus accusé; aussi les lésions du tissu conjonctif interlobulaire du poumon sont plus prononcées; les lobules pulmonaires malades le sont à des degrés et à des âges différents, et on remarque sur la coupe de l'organe malade cet aspect de damier dont parlent tous les auteurs. Dans la péripneumonie ordinaire le tissu conjonctif interlobulaire est moins malade, moins épaissi, moins infiltré, tandis que les lobules pulmonaires sont congestionnés, enflammés, hépatisés, quelquefois ramollis etc. D'ailleurs, s'il est important d'établir la distinction entre les deux maladies au point de vue de l'application des mesures sanitaires, il ne l'est pas au même degré, quand il s'agit seulement de se prononcer sur l'utilisation de la viande, car celle des animaux affectés de péripneumonie contagieuse n'est pas plus nuisible, toutes choses étant égales d'ailleurs, à la santé de l'homme que celles des bêtes atteintes de péripneumonie ordinaire.— Comme la chair des animaux typhiques, celle des animaux péripneumoniques, n'offre pas des caractères propres à la faire reconnaître; généralement elle est belle et d'apparence normale, quand la maladie n'était ni grave, ni compliquée, ni ancienne; elle est au contraire saigneuse, ecchymosée, infiltrée, macérée etc., et doit être saisie dans les hypothèses inverses. Le colportage des viandes péripneumoniques devra se faire avec les mêmes précautions déjà signalées à propos de la chair des animaux typhiques.

Relativement à la clavelée et à la fièvre aphteuse, la législation sanitaire contient les mêmes dispositions que pour la péripneumonie contagieuse ; si elle prohibe l'utilisation des animaux morts de la maladie, elle ne défend pas la consommation des viandes provenant des animaux sacrifiés pendant le cours de l'affection. Il est bien vrai que l'article 34 du décret du 22 juin 1882 interdit de vendre les animaux malades de la clavelée, sans excepter les cas où le propriétaire demanderait à les vendre pour la boucherie ; mais l'article 86 du même décret reconnaît implicitement au propriétaire d'animaux claveleux ou galeux, saisis sur un marché, le droit de les livrer à l'abattoir. Il faut donc admettre que les bêtes atteintes de clavelée peuvent en tout temps être vendues pour l'abattoir (où elles seront conduites avec les précautions exigées), et leur viande être colportée et livrée à la consommation, aux mêmes conditions que celles des animaux atteints de péripneumonie. Quant à la fièvre aphteuse, l'article 30 et l'article 85 du décret de 1882 sont formels, les malades peuvent être vendus pour la boucherie ; leur viande peut être colportée et livrée à la consommation publique, aux mêmes conditions que celle des péripneumoniques et des claveleux, toutes les fois que la maladie n'est pas grave, toutes les fois qu'elles n'offrent pas les caractères des viandes malades, saigneuses, fièvreuses, etc. Pourtant la fièvre aphteuse et même la clavelée (M. Villain a observé plusieurs cas de transmission de la clavelée à l'homme) sont des affections, qui peuvent se communiquer à l'espèce humaine; mais, comme le virus siège principalement dans les lésions des téguments, l'utilisation des chairs est exempte de dangers réels. Ainsi donc les inspecteurs ne devront saisir les viandes claveleuses ou aphteuses qu'autant qu'elles seront fiévreuses, saigneuses, ecchymosées, infiltrées, molles, flasques, décolorées, etc.

7° SEPTICÉMIE. — ROUGET. — Il est indiqué de saisir les viandes septicémiques; elles sont doublement dangereuses par le virus et par le poison qu'elles contiennent. On les reconnaîtra : à leur coloration gris-terne ou plombée, ou noirâtre, ou brunâtre avec reflets jaune-verdâtres, irrisés; à leur état sanieux, à des suffusions sanguines; à des infiltrations séreuses; à leur odeur fétide, acide ou ammoniacale; à leur mollesse; à la friabilité du muscle; à la lividité des tissus blancs, des aponévroses; aux taches ecchymotiques des séreuses; à la mollesse et à la teinte rougeâtre de la graisse; à la présence de gaz fétides dans les tissus, à l'état du sang qui est noir, boueux, incoagulé, et contient des gouttelettes graisseuses ainsi que des vibrions mobiles.

Le rouget ou mal rouge du porc peut également communiquer des propriétés nuisibles à la viande, mais seulement quand la maladie est grave et avancée; quand les animaux sont abattus au début de la maladie, quand l'affection ne s'est pas accompagnée de beaucoup de fièvre ni d'une congestion trop intense, quand, en un mot la viande n'est ni saigneuse ni fiévreuse, l'utilisation doit en être permise; car, bien que le rouget soit une maladie virulente et microbienne, on n'a jamais constaté aucun cas de transmission à l'homme. La viande des porcs morts du rouget devra toujours être saisie; et il en sera de même quand les animaux auront été sacrifiés trop tard, quand la peau, le lard, les séreuses et les tissus seront rouges, congestionnés, imprégnés de la matière colorante du sang; outre que les viandes ainsi rouges et congestionnées se conservent mal, outre qu'elles ont mauvais aspect, elles pourraient être dangereuses au même titre que toutes celles qui sont fiévreuses.

8° Tuberculose. — Parmi les animaux de boucherie les grands ruminants sont ceux sur lesquels on rencontre le plus souvent les lésions de la tuberculose; cependant on les observe quelquefois chez le porc et parfois même, quoique plus rarement, chez le cheval; aussi tout ce qui suit est-il applicable aux divers cas de phtisie observés sur les espèces précitées. C'est, avons-nous déjà dit, la phtisie tuberculeuse qui soulève, en matière d'inspection des viandes de boucherie, les plus grandes difficultés. Et, s'il en est ainsi, c'est parce qu'il arrive assez fréquemment de rencontrer dans les abattoirs des lésions de tuberculose plus ou moins avancée sur des animaux (bœufs, vaches, porcs, chevaux) qui, ne présentant de leur vivant aucun signe bien manifeste de la maladie, sont dans un bon état, dans un moyen état ou dans un état passable de chairs. Si avec la tuberculose coïncidait toujours un état de maigreur plus ou moins prononcée, comme on l'observe dans beaucoup de cas, il ne surgirait que rarement des difficultés dans la pratique; mais tout le monde sait que dans des cas assez nombreux il en est autrement; que de fois n'a-t-on pas observé des lésions plus ou moins avancées et plus ou moins généralisées sur des animaux plus ou moins gras, dont la viande travaillée offrait tous les caractères de celles qui sont saines. Me basant sur les données acquises par la science au sujet de la transmissibilité de la tuberculose par la viande, par le lait et par les organes malades, voici ce que j'écrivais en 1880 sur la question : « *Y a-t-il lieu d'éliminer de la consommation les viandes et le lait provenant d'animaux tuberculeux ?* » « Éliminer de la consommation le lait des vaches atteintes de phtisie avancée et de celles qui ont la mamelle malade, et recommander l'ébullition pour le lait des vaches suspectes; telle est la ligne de conduite qui s'impose. » « Les viandes fournies par les animaux tuberculeux peuvent être divisées en deux grandes catégories : 1° celles qui proviennent d'animaux tuberculeux très maigres ; 2° celles qui sont fournies par des animaux tuberculeux en bon état, en moyen état, ou en état passable de chairs. Les premières présentent tous les caractères des viandes maigres, et je suis pleinement d'avis de les éliminer de la consommation, parce qu'elles sont dangereuses comme viandes provenant d'animaux phtisiques, et aussi parce qu'elles sont très maigres et partant peu alibiles ; du reste, sur la question des viandes tuberculeuses très maigres, tout le monde est à peu près d'accord ; elles doivent être éliminées, elles doivent être saisies par les inspecteurs des abattoirs, quel que soit le degré de généralisation de la tuberculose. Mais que décider pour les viandes provenant d'animaux tuberculeux en bon état, en moyen état et en état passable de chairs ? C'est ici que commence la difficulté ; on est généralement d'accord pour demander l'élimination de toute viande, quel que soit son degré de qualité, toutes les fois que l'animal qui l'a fournie présente une tuberculose généralisée aux organes des cavités thoracique et abdominale. J'ai désapprouvé jadis et j'approuve maintenant pour mon compte cette manière de faire, quoiqu'elle puisse sembler empreinte d'une certaine exagération, et quoiqu'elle ne manque pas de paraître quelque peu arbitraire. J'estime qu'il faut se montrer très sévère, et en conséquence voici la ligne de conduite que je suivrais moi-même, le cas échéant : non seulement j'éliminerais de la consommation les viandes tuberculeuses tout à fait maigres, mais j'en ferais de même pour les autres. Quand la tuberculose est généralisée aux viscères thoraciques et abdominaux, non seulement les viandes en moyen état ou en état passable, mais même les viandes qui sont en bon état doivent être saisies, alors même qu'il n'y a aucune tuberculisation des muscles, ni du tissu conjonctif, ni des ganglions du tronc ou des membres. Dans tous les cas, les organes malades doivent toujours être impitoyablement éliminés et livrés à l'équarrissage, ou détruits ou enfouis. Et de plus, s'il convient parfois de laisser utiliser pour la boucherie des viandes provenant d'animaux atteints de tuberculose récente, peu avancée et tout à fait localisée, il faut rejeter sans scrupules les chairs, même en bon état, des bêtes offrant une tuberculisation avancée soit dans les organes thoraciques seulement soit uniquement dans la cavité abdominale. J'ajoute cependant que la viande des bêtes tuberculeuses ne saurait être dangereuse quand elle est soumise à la cuisson, puisqu'il suffit même d'une température de 65° ou de 70 degrés pour détruire le virus phtisique. Les chairs des animaux phtisiques renferment-elles toujours le virus ? Beaucoup de vétérinaires les croient dangereuses, et n'acceptent pas pour la boucherie les bêtes phtisiques, lors même qu'elles sont en assez bon état de chairs, si la maladie se caractérise par d'assez nombreuses lésions. Est-ce là la conduite qu'inspirent les données de la science, et y aurait-il du danger à livrer ces chairs à la consommation ? Oui, si elles sont malades et si elles renferment des granulations tuberculeuses (ce qui se voit exceptionnellement) ; oui encore, lorsqu'elles paraissent saines, si d'ailleurs la tuberculose est généralisée sur les organes abdominaux et thoraciques et dans le système lymphatique ; oui encore, si la tuberculose est limitée à la cavité thoracique ou à la cavité abdominale ; oui dans presque tous les cas, sauf ceux où il y a simplement une tuberculose récente, peu étendue et peu avancée. »

« Actuellement, dans les grandes villes, l'inspection de la boucherie est faite d'après les principes qui viennent d'être exposés ; il y a pourtant un desideratum à formuler. Lorsque les inspecteurs rencontrent à l'abattoir un animal atteint de tuberculose avancée, ils s'empressent d'éliminer sa chair de la consommation ; tandis que tous les jours ils sont exposés à recevoir, parmi les viandes mortes qu'on introduit, des quartiers provenant d'animaux tuberculeux, parfois même en moins bon état que ceux qu'on sacrifie à l'abattoir. Il est très difficile, sinon absolument impossible de reconnaître une viande tuberculeuse, quand on ne voit que les quartiers et quand les ganglions ne sont pas malades. Qu'on ne vienne pas dire que l'absence de la plèvre indique un état maladif qu'on a voulu faire disparaître, car j'ai vu fréquemment enlever la plèvre costale sur des quartiers provenant d'animaux non tuberculeux ; et d'ailleurs les poumons ou les organes abdominaux peuvent être tuberculeux sans que la plèvre soit malade et sans qu'il soit nécessaire de la détacher pour faire disparaître toute trace de l'affection. Puisqu'il n'y a pas moyen dans bien des cas de reconnaître, en l'absence des viscères, si telle ou telle viande provient d'un animal tuberculeux, les propriétaires d'animaux malades, sachant d'avance que leurs bêtes seront saisies à l'abattoir, n'ont qu'à les sacrifier hors des villes ; après quoi ils pourront introduire en quartiers les chairs, qui de cette façon seront acceptées, tandis qu'elles auraient été refusées si les animaux avaient été sacrifiés à l'abattoir. Voilà certainement ce qui arrive tous les jours ; pendant qu'on refuse de la viande en bon état, on reçoit des viandes mortes moins bonnes et provenant aussi d'animaux plus malades. Pour éviter de pareils résultats, les inspecteurs devraient exiger que les viandes mortes fussent introduites non par quartiers, mais par moitié avec le poumon et le foie attenant à une moitié. Dans tous les cas, lorsqu'une viande sera suspecte, il faudra reporter son attention principalement sur les ganglions lymphatiques. »

Au commencement de l'année 1882, à la suite de la saisie d'un bœuf gras tué à l'abattoir de Dijon et présentant à l'autopsie des lésions nombreuses de tuberculose thoracique et abdominale, une vive protestation s'étant produite, le maire m'avait d'abord demandé mon avis, puis celui de M. H. Bouley. L'un et l'autre nous avions conclu à la légitimité de la saisie. Le maire de Dijon avait en outre demandé au Préfet de Police quelle règle était suivie à Paris. Il lui avait été répondu qu'à Paris « le service d'inspection de la boucherie faisait supprimer, dans les animaux de bonne qualité, les poumons, les plèvres et quelquefois les côtes envahies par la tuberculose, et que l'animal entier n'était saisi que lorsqu'il était maigre et épuisé ». Devant cette différence de manière d'agir des inspecteurs de Paris et de Dijon, le maire de cette dernière ville n'ayant osé publier ce qui se faisait dans la Capitale, la question fut soumise au Comité consultatif d'Hygiène de France par le Ministre du commerce sur la demande même du Préfet de Police. M. H. Bouley chargé du rapport conclut en déclarant la ligne de conduite adoptée à Dijon préférable à celle qu'on suivait à Paris, et en proclamant qu'il doit être interdit de livrer à la consommation les viandes, même de belle apparence, provenant d'animaux affectés de la tuberculose, lorsque la maladie est généralisée et s'accuse par des lésions disséminées dans tous les organes, lorsque les tubercules ont envahi en grande quantité les poumons et les plèvres ou le péritoine et les ganglions abdominaux. M. Zundel, expliquant à son tour sa manière de voir sur cette importante question, déclarait peu de temps après : que dans la pratique il y a lieu de se préoccuper du nombre et de la généralisation des lésions ainsi que de l'embonpoint des animaux ; que, pour les bêtes en bon état de chair atteintes de tuberculose localisée, il faut se contenter de saisir la partie malade ; que, pour les animaux non maigres atteints de tuberculose généralisée mais sèche et non étendue aux muscles, il faut se contenter encore de saisir les organes malades et laisser vendre la viande à l'étal de basse boucherie avec une étiquette indiquant sa provenance ainsi que les motifs de son meilleur marché, et recommandant à l'acheteur de la bien cuire ; que les bêtes maigres et tuberculeuses à l'excès peuvent seules être saisies (ligne de conduite adoptée dans le grand duché de Bade). — Vers la même époque M. Baillet de Bordeaux formulait sa ligue de conduite de la manière suivante :

« Tout animal âgé, toute vache surtout, dont la maigreur générale, le manque de consistance et l'aspect décoloré de la viande, la *fluidité* de la moelle épinière, l'état muqueux des quelques vestiges de graisse existant au niveau des reins et à l'entrée du bassin, coïncident avec la présence de nombreux tubercules dans les poumons, sur les plèvres, sur le diaphragme, avec l'engorgement et la transformation tuberculeuse des ganglions lymphatiques, tout animal, dis-je, qui offre de pareils caractères, doit être en entier rejeté de la consommation. Lorsqu'au contraire le sujet sur lequel on constate les lésions tuberculeuses est gras, que son état général paraît n'avoir pas sensiblement souffert, lorsqu'en un mot l'affection paraît s'être particulièrement localisée dans les poumons et sur les plèvres, ou dans l'une de ces parties seulement, et que le tubercule n'a pas encore atteint la troisième période de son existence, je me contente de retirer de la consommation les parties malades et je laisse consommer les parties non envahies. J'admets, par conséquent, que le caractère insalubre de la viande d'un tuberculeux est d'autant moindre que le sujet a moins souffert. »

M. Villain de Paris agit comme M. Baillet, il saisit les parties malades dans tous les cas, et il saisit l'animal entier quand les viandes sont étiques, cachectiques, quand elles ne tiennent pas moelle. — Au Congrès vétérinaire de Tours (1883), il fut admis par la majorité des membres que la saisie ne doit être pratiquée qu'autant que la tuberculose est généralisée (caractérisée par des lésions pulmonaires, péritonéales et ganglionnaires), que la viande doit être livrée à la consommation quand l'animal n'est pas maigre et quand la tuberculose est localisée à la poitrine ou à l'abdomen. — Une commission spéciale nommée à Lyon (1883), pour étudier la question à la suite d'une saisie ayant porté sur une vache très grasse atteinte de tuberculose généralisée, décida, après discussion, qu'il y avait lieu de saisir la viande dans tous les cas de tuberculose généralisée, caractérisée par des lésions thoraciques et abdominales ou ganglionnaires. — M. Van-Hertsen inspecteur-chef des abattoirs de Bruxelles saisit : tous les viscères qui sont le siège de lésions tuberculeuses; tout bétail maigre et atteint de tuberculose thoracique ou abdominale; tout bétail maigre ou en état d'embonpoint et atteint de tuberculose thoracique et abdominale; tout bétail atteint de tuberculose musculaire; mais il se contente de saisir les organes malades (plèvre, péritoine, poumon, ganglions, etc.), quand les animaux sont en bon état de chairs et de graisse et quand la maladie n'est pas arrivée à une période avancée, quand elle n'est pas généralisée. — Au Congrès international des vétérinaires à Bruxelles, on tomba d'accord pour décider de n'admettre à la consommation que la viande d'animaux en bon état de chairs et n'offrant que des lésions localisées à une partie du corps. Voici les conclusions formulées par M. Lydtin et admises par le Congrès :

« Pour que la viande et les viscères d'une bête puissent être livrés à la consommation il faut que, au moment de l'abatage, la maladie soit reconnue être encore à son début; que les lésions ne soient étendues qu'à une petite partie du corps; que les glandes lymphatiques se montrent encore exemptes de toute lésion morbide de la pommelière; que les foyers tuberculeux n'aient pas encore subi de ramollissement; que la viande présente les caractères d'une viande de première qualité et que l'état général de la nutrition de l'animal abattu ne laisse rien à désirer au moment où il a été sacrifié. »

« La viande des bêtes tuberculeuses admise à la consommation ne peut pas être conduite en dehors de la localité dans laquelle l'abatage a eu lieu, et ne peut être mise en vente à un étal ordinaire de boucherie. »

« Tout quartier de viande et tout viscère montrant des lésions ou transformations tuberculeuses, ainsi que la viande de tout autre animal chez lequel on rencontre à l'autopsie une infection tuberculeuse plus prononcée que celle dont il est parlé ci-dessus, seront dénaturés par un arrosage à l'aide d'huile de pétrole; ils seront ensuite enfouis sous la surveillance de la police. L'extraction de la graisse par la cuisson, ainsi que la vente de la peau, peuvent être autorisées. »

« L'inspection de toute bête atteinte de tuberculose aura lieu par un vétérinaire qui seul jugera si la viande peut être consommée. »

« Le lait d'animaux atteints ou suspects de phtisie pommelière ne peut être employé ni pour la consommation de l'homme, ni pour celle de certains animaux. La vente de ce lait doit être sévèrement défendue. »

A quoi tient cette diversité dans les opinons; la viande des animaux tuberculeux constitue-t-elle un danger certain pour les consommateurs, et doit-on la saisir? Les principaux auteurs et expérimentateurs, qui se sont occupés de la tuberculose, croient à l'identité de la phtisie de l'homme et de celle des animaux en s'appuyant : Sur la similitude des lésions; sur la transmissibilité par inoculation, inhalation ou ingestion, de la tuberculose de l'homme aux animaux, chez lesquels elle évolue comme celle qu'on provoque au moyen de matières tuberculeuses recueillies sur des bêtes malades; sur la ressemblance des bacilles qu'on trouve dans les lésions de l'homme et dans celles des animaux; sur certains faits tendant à démontrer la transmission de la tuberculose de la vache à l'homme par l'ingestion du lait cru (enfant mourant tuberculeux après avoir bu longtemps du lait cru d'une vache phtisique — Lydtin). Étant données, l'identité des deux maladies, la transmissibilité certaine de celle de l'homme aux animaux, et la transmissibilité très probable de celle des animaux à l'homme, il y a lieu de prendre des mesures pour éviter la contamination des consommateurs par l'intermédiaire des viandes d'animaux phtisiques. Il est parfaitement démontré par d'innombrables expériences sur les animaux que l'ingestion de matières tuberculeuses engendre la maladie, que l'ingestion de la viande crue d'animaux tuberculeux transmet dans certains cas la tuberculose, qui débute alors dans l'abdomen, il est également démontré que l'injection sous-cutanée ou intra-péritonéale du sang et du suc musculaire d'animaux tuberculeux peut, quoique ce résultat n'ait été généralement obtenu que dans le plus petit nombre des tentatives, provoquer la tuberculose; il est enfin démontré que la virulence tuberculeuse ne se détruit qu'à une température supérieure à celle qu'atteignent dans leur partie centrale les viandes qui sont grillées pour être mangées saignantes. En principe on devrait donc considérer comme pouvant être dangereuse toute viande provenant d'animaux tuberculeux. Dans beaucoup de cas, il est vrai, elle peut être de belle apparence et même inoffensive; seulement il est impossible dans l'état actuel de reconnaître autrement que par l'inoculation (ce qui est impraticable pour l'inspecteur qui doit se prononcer rapidement), si une viande qui ne présente pas de lésions tuberculeuses, mais qui provient d'un animal phtisique, est ou n'est point dangereuse. Cependant, bien que les expérimentateurs qui ont obtenu la tuberculose avec la viande d'animaux phtisiques ne disent pas si l'affection était généralisée chez les malades qui l'ont fournie, on a de la tendance à admettre des degrés dans la nocuité de leur chair, qui ne commencerait à devenir dangereuse qu'autant que la maladie se serait généralisée, qu'autant que la tuberculisation aurait envahi les ganglions lymphatiques voisins des organes malades; quoi qu'il en soit, un fait indéniable reste définitivement acquis, c'est la virulence possible de la viande provenant d'animaux tuberculeux. D'où il suit que des mesures de précaution doivent être prises à propos des animaux tuberculeux, non seulement en ce qui concerne les organes malades, mais aussi en ce qui concerne la viande, qui peut être dangereuse pour le consommateur, quand elle est insuffisamment cuite. Si on était assuré qu'elle sera toujours parfaitement cuite avant d'être consommée, il n'y aurait pas lieu de se préoccuper outre mesure du danger créé par l'existence de la tuberculose, mais souvent il en arrive tout autrement, soit qu'on fasse cuire la viande en trop gros morceaux, soit qu'on se contente de la faire griller pour la manger saignante. Dans tous les cas l'élimination intégrale des viscères, des séreuses et des ganglions malades s'impose ; et cette mesure, qui est acceptée par tout le monde, se trouve largement justifiée par la certitude de l'existence du virus dans les lésions tuberculeuses. Quant à la viande des bêtes phtisiques, et malgré la possibilité de voir la maladie se propager par son intermédiaire, quand elle est mangée saignante, il faut encore compter dans la pratique avec la résistance des intéressés. Etant donné que la lumière n'est point encore suffisamment faite, que les convictions ne sont pas assez nettement établies, qu'il y a des cas nombreux où la viande des bêtes phtisiques ne semble pas virulente, que sa nocuité semble dépendre de l'état plus ou moins avancé de la maladie, de sa généralisation en un mot, il y a lieu à mon sens de faire des distinctions et d'adopter les solutions suivantes en matière d'inspection des viandes de boucherie :

1° Saisir tout le cadavre moins la peau, quand il y a à la fois maigreur et tuberculose, quel que soit le degré de la maladie ;

2° Saisir tout le cadavre moins la peau, quand il y a tuberculose musculaire ;

3° Saisir tout le cadavre moins la peau et la graisse, qu'on pourra laisser utiliser dans l'industrie, quand il y a tuberculose ganglionnaire généralisée (existant dans des ganglions de la cavité thoracique et de la cavité abdominale, ainsi que dans les ganglions d'autres régions, notamment dans ceux de la tête, de la gorge, de l'entrée de la poitrine, de l'aine, etc.), quels que soient le nombre et l'état des lésions tuberculeuses dans les autres organes, et quel que soit l'embonpoint de l'animal;

4° Agir de même, quand il y a à la fois tuberculose thoracique (existant sur un ou plusieurs organes et dans les ganglions de la poitrine) et tuberculose abdominale (existant dans un ou plusieurs organes et dans les ganglions de l'abdomen), quels que soient l'embonpoint de la bête et l'état des lésions;

5° Agir encore de même, quel que soit l'embonpoint de l'animal, quand il y a à la fois tuberculose avancée dans l'une des deux grandes cavités splanchniques (poitrine, abdomen) et tuberculose commençante dans l'autre, quand en un mot les lésions de la maladie existent simultanément dans les organes des cavités abdominale et thoracique;

6° Agir enfin de même (mais déjà cette hypothèse soulève beaucoup plus de difficultés), quel que soit l'embonpoint des animaux, quand les lésions de la tuberculose existent en très grandes masses dans les poumons, sur les plèvres et dans les ganglions de la poitrine, ou quand elles sont nombreuses sur les organes abdominaux, dans les ganglions abdominaux et sur le péritoine;

7° Dans tous les autres cas, c'est-à-dire quand, avec un certain état d'embonpoint, coïncidera une tuberculose peu avancée et localisée à un ou plusieurs organes du même appareil, de la même cavité, on devra se contenter de saisir les parties malades; tout au plus pourra-t-on saisir en même temps certaines portions de viande (côtes, parois abdominales) directement en connexion avec les points de la plèvre ou du péritoine les plus malades.

Au congrès médical de Copenhague (1884), M. Vallin, démontrant, d'après les données de la science, le danger que fait courir à l'homme l'alimentation avec la chair d'animaux tuberculeux, proposait, entre autres mesures pour le faire cesser ou l'atténuer, de combattre l'habitude de manger les viandes rôties saignantes et de saisir les bêtes atteintes de tuberculose généralisée ; c'est la conclusion qui découle du reste des distinctions qui précèdent, et à laquelle permettent d'arriver les connaissances acquises sur la tuberculose. Quant aux moyens de vaincre la résistance des intéressés et d'éviter aux propriétaires des pertes trop lourdes, c'est une tout autre question, dont la solution doit être obtenue par une bonne réglementation sanitaire. Il faudrait avant tout que la tuberculose fût inscrite dans la loi sanitaire au nombre des maladies contagieuses ; il faudrait s'appliquer à diminuer la fréquence de la maladie chez les animaux ; il faudrait éloigner de la reproduction les animaux phtisiques; il faudrait éviter toute promiscuité avec les animaux suspects, isoler les malades et s'en défaire dès que l'existence de la tuberculose serait reconnue ; il faudrait désinfecter les locaux et les objets souillés par les malades ; il faudrait enfin, par un procédé quelconque (assurance mutuelle, centimes additionnels, etc.), trouver le moyen d'indemniser au moins partiellement les propriétaires en cas de saisie de la viande.

Reconnaître la tuberculose est toujours facile pour le vétérinaire inspecteur, quand il assiste à l'ouverture du cadavre, ou quand on lui présente en même temps que les quartiers tous les viscères. Il suffit alors de s'assurer de l'état des divers organes et du système ganglionnaire; la simple inspection avec ou sans incisions suffit pour permettre de constater l'existence de tubercules sur les séreuses, sur les muqueuses, dans le poumon, dans le foie, dans les reins, dans les divers ganglions qui sont envahis, etc. Quand il s'agit de viandes introduites du dehors, après avoir été travaillées et appropriées en l'absence de tout contrôle, les inspecteurs sont souvent exposés à en laisser utiliser qu'ils auraient saisies, si leur examen avait pu être plus complet. Souvent en effet ils ne peuvent dans ces cas porter leur attention que sur les quartiers, les viscères et les séreuses, etc., ayant été enlevés; ils doivent alors rechercher et examiner en les incisant les ganglions lymphatiques du bassin, de l'aine, de l'entrée de la poitrine, de l'épaule, etc. M. Van Hertsen attribue une grande importance à l'examen du ganglion situé entre la première et la deuxième côtes, qui est généralement tuberculeux chez les animaux atteints de la maladie. Pourvu que les inspecteurs aient à leur disposition les organes malades, il leur sera facile de découvrir les lésions tuberculeuses et de les différencier dans la plupart des cas des lésions plus ou moins similaires (morve, néoplasies diverses, tuberculose parasitaire, etc.), avec lesquelles on pourrait quelquefois les confondre. D'ailleurs, il y a lieu d'incliner vers la sévérité, quand on constate la moindre lésion tuberculeuse sur des viandes foraines. Que si l'inspecteur n'est pas suffisamment édifié sur la nature des lésions d'apparence tuberculeuse qu'il rencontre dans les viscères, il peut recourir à l'examen microscopique, qui lui fera reconnaître celles, dont le développement a été déterminé par des parasites (œufs ou embryons de strongles, débris de cysticerques ou d'échinocoques).

Les tubercules de la phtisie offrent des caractères un peu variables suivant les périodes de leur évolution ; ils se présentent sous forme de nodules; et de nouvelles granulations se formant à côté des premières, il en résulte souvent des masses plus ou moins volumineuses, à aspect bosselé, et pouvant être envahies par le ramollissement et l'infiltration calcaire. Les granulations tuberculeuses naissantes sont peu volumineuses; elles sont grisâtres, rougeâtres, et à la surface des séreuses, où elles peuvent se montrer en très grand nombre à la fois, on les voit souvent accompagnées de lésions exsudatives d'apparence pseudo-membraneuse. Arrivées à leur complet développement elles sont nodulaires, grisâtres d'abord, ensuite jaunâtres ; en les incisant on les voit formées d'une zône excentrique rougeâtre ou lardacée et d'une zône centrale grisâtre ou jaunâtre, sèche, friable, caséeuse. Les amas formés de tubercules agglomérés offrent, entre les granulations, un tissu inflammatoire rougeâtre ou lardacé ; et leur coupe laisse voir les taches grises ou jaunâtres, qui correspondent aux zônes centrales des nodules ; c'est grâce à la caséification de ces zônes centrales et à la destruction progressive des cloisons internodulaires que se forment ces masses, plus ou moins volumineuses, de matière caséeuse qu'on rencontre dans divers organes. Les tubercules de la phtisie bovine s'infiltrent généralement de matières calcaires ; ils sont alors très durs, jaunâtres, très difficiles à inciser. Le ramollissement envahit assez souvent les lésions tuberculeuses, surtout les masses formées au sein des viscères ou dans les ganglions; il se forme alors une poche, une cavité plus ou moins étendue, irrégulière, présentant des anfractuosités, à parois rougeâtres, grisâtres ou lardacées et sans cesse envahies par de nouvelles granulations qui en amènent la destruction; le contenu est grisâtre quelquefois pyoïde, ordinairement jaunâtre, caséeux, plâtreux, crétacé, analogue à du mortier. Sur les séreuses (plèvre, péricarde, péritoine) les tubercules se montrent isolés ou agglomérés ; ils forment très souvent des masses irrégulières, tubéreuses, mamelonnées, des grappes sessiles ou pédiculées ; ils peuvent s'accompagner d'exsudation pseudo-membraneuse; on trouve quelquefois les deux feuillets de la plèvre soudés, ou le péricarde réuni au muscle cardiaque par une masse tuberculeuse interposée. Les ganglions, surtout ceux de la tête, du cou, de la poitrine et de l'abdomen sont fréquemment altérés ; ils sont hypertrophiés et laissent apercevoir ça et là des nodules jaunâtres ; à la coupe on voit des zônes opalescentes, jaunâtres, opaques, caséeuses, sèches, crétacées, dures, etc., plus ou moins nombreuses ; il y a quelquefois abcèdation, ramollissement caséeux et plus souvent calcification. Le poumon est plus ou moins garni de productions tuberculeuses, de tubercules isolés et de masses tuberculeuses jaunâtres, entourées de tissu lardacé envahi par de nombreuses granulations, et contenant une matière caséeuse jaunâtre souvent infiltrée de calcaire ou quelquefois une matière ramollie; on y trouve, dans les cas de tuberculose ancienne, des cavernes ou cavités plus ou moins spacieuses, à contenu jaunâtre, crétacé, ramolli ou non, à parois irrégulières, etc. Des lésions tuberculeuses se rencontrent aussi dans le foie, dans les reins, dans l'utérus, dans la mamelle, sur la muqueuse respiratoire et sur la muqueuse intestinale. — Chez le cheval, les tubercules diffèrent sensiblement de ceux des grands ruminants et du porc; ils sont généralement homogènes, sans centre de caséification (Nocard) ni de ramollissement; ce n'est que dans les plus volumineux qu'on constate du ramollissement caséeux; leur tissu est ordinairement blanc grisâtre. D'ailleurs chez aucune espèce la lésion tuberculeuse n'est spécifique par ses caractères anatomiques ; cependant l'inspecteur de la boucherie en est bien réduit à se prononcer sans pouvoir recourir à l'inoculation ou à la recherche des bacilles de Koch, qui seules pourraient permettre un diagnostic certain; et on peut même assurer que généralement il ne se trompera pas, surtout quand la maladie est déjà avancée, quand les lésions sont nombreuses et disséminées ou généralisées, quand elles existent sur des viscères et des ganglions, etc.

Chez les animaux solipèdes, la tuberculose peut être confondue avec la morve et avec d'autres néoplasies; en cas de doute l'inspecteur doit incliner vers la sévérité. Chez le porc, on peut rencontrer dans le poumon des lésions tuberculiformes parasitaires (strong. paradoxal); elles consistent en nodules péribronchiques, elles sont hyalines, peu nombreuses et leur nature est facile à dévoiler par la simple incision. On peut également trouver dans les viscères (poumon, foie, rate, reins, etc.) du porc des foyers caséeux, jaunâtres, grisâtres, avec ou sans infiltration calcaire, qui proviennent de la désorganisation de kystes d'échinocoques ou de cysticerques, et qui contiennent encore des crochets. La même lésion peut se montrer chez les bovins et les ovins. — Chez les bovins on observe souvent, à la suite de vieilles bronchites, des dilatations bronchiques plus ou moins volumineuses, qui simulent plus ou moins la pommelière, surtout quand elles sont nombreuses et en chapelet, d'autant mieux que le tissu pulmonaire est parfois enflammé. Cependant l'incision des parties altérées fait éviter toute erreur en permettant de suivre le trajet des bronches, qui contiennent au niveau de leurs dilatations un produit muqueux, purulent, crétacé, caséeux, quelquefois noirâtre; on a eu trouvé (Mégnin) des douves dans une de ces tumeurs bosselées, à contenu liquide couleur chocolat. — Chez le mouton, la vraie tuberculose est excessivement rare, mais la pseudo-tuberculose est fréquente dans le poumon; cette pseudo-tuberculose est caractérisée par de petites tumeurs rougeâtres, grisâtres, jaunâtres, verdâtres, noirâtres, grosses comme un grain de chènevis ou plus volumineuses, facilement visibles à travers la plèvre, dures, résistantes au toucher, crétacées ou non, presque jamais caséifiées ni transformées en cavernes, quelquefois purulentes, plus ou moins nombreuses mais localisées aux poumons, et jamais généralisées aux séreuses, ni aux ganglions, ni aux autres organes;

ces tumeurs contiennent des œufs ou des embryons de strongles; on y trouve des strongles isolés ou pelotonnés, logés dans les vésicules pulmonaires qu'ils ont irritées et transformées en tubercules.

9° Viscères, abats, issues. — Les viscères, abats, issues, qui auront éprouvé la fermentation putride, devront être saisis, quand ils seront destinés à l'alimentation de l'homme; on se montrera moins sévère, lorsqu'il s'agira de viscères (foies, poumons, etc.) destinés à la nourriture des carnivores domestiques ou du porc. Les viscères corrompus exhalent une odeur plus ou moins accusée de putréfaction, changent de teinte, deviennent livides, noirâtres, verdâtres, se ramollissent; c'est principalement chez les tripiers, qui font le commerce des abats dans les grandes villes, que le vétérinaire inspecteur devra rechercher ceux qui sont avariés, altérés, corrompus, insalubres. Indépendamment de toute avarie et en l'absence de toute fermentation septique, les viscères, bien que destinés à la nourriture des animaux, devront être saisis, quand ils présenteront certaines lésions, ou quand ils seront considérablement endommagés par la maladie. Ainsi les poumons et les foies (quelle que soit l'espèce animale d'où ils proviennent) devront être saisis, quand ils présenteront de nombreux kystes d'échinocoques; on les laissera utiliser, quand la lésion sera restreinte, sauf à enlever la partie ou les parties qui en sont le siège. Ainsi encore on saisira en entier les poumons atteints de lésions de péripneumonie, de tuberculose, d'inflammation étendue, de néoplasies multiples, et partiellement ceux qui présenteront des lésions non spécifiques localisées. Les foies atteints de cirrhose, de distomatose avancées seront également saisis; il en sera de même de ceux qui présenteront des tumeurs, de la congestion, de la dégénérescence, etc. Il est inutile de passer en revue les autres viscères ; les altérations d'une certaine gravité devront en entraîner la saisie, quand ils seront destinés à la consommation de l'homme, étant donné leur peu de valeur et le peu de faveur dont la plupart jouissent auprès des consommateurs.

CHAPITRE VI.

Inspection de la Charcuterie, de la volaille, du gibier et du poisson.

Le rôle du vétérinaire inspecteur des viandes de boucherie comprend également l'examen des diverses préparations de la charcuterie et aussi, dans quelques villes, celui de la volaille, du gibier et du poisson vendus dans les magasins ou sur les marchés. Ici encore l'inspection doit avoir pour but de faire éliminer de la consommation les produits altérés, corrompus, insalubres et dangereux pour la santé de l'homme.

I. — *Inspection de la Charcuterie.*

Le Commerce de la charcuterie a pour objet principal la vente de la viande de porc, fraîche, salée, conservée, fumée, préparée et travaillée de diverses manières. Cependant la viande de bœuf, celle de taureau et celle de cheval sont fréquemment employées pour la confection des préparations (saucissons, saucisses, cervelas, fromage d'Italie, tête roulée, etc.) de charcuterie destinées à être vendues au public. Quelles que soient les viandes employées, la charcuterie ne saurait être réputée insalubre qu'autant qu'elle est avariée, corrompue, altérée, ou qu'autant qu'elle a été confectionnée avec des viandes malsaines, malades, altérées, etc.

Il n'y a pas lieu de revenir ici sur l'inspection des viandes fraîches, tout ce qui en a été dit précédemment s'appliquant à celles qui doivent être employées dans la charcuterie, de même qu'à celles qui sont vendues comme viandes de boucherie. Il nous reste seulement à établir les règles de l'inspection des produits de la charcuterie, et à rechercher quelles altérations les rendent insalubres et doivent les faire saisir conformément aux prescriptions de la loi. L'inspection bien entendue consistera : à surveiller les charcutiers ; à visiter leurs étaux, leurs boutiques ou magasins, leurs réserves, leurs laboratoires, leurs cuisines, leurs ustensiles ; à surveiller leur fabrication ; à rechercher les substitutions, les falsifications, les fraudes commises en vue de tromper les acheteurs ; et à vérifier l'état de conservation de leurs divers produits.

Les préparations (saucissons, etc.) faites avec de la viande de taureau, de cheval, etc., pour être vendues comme telles, ne doivent être inspectées qu'au point de vue de leur conservation et de leur salubrité; étant donné qu'elles ont été fabriquées avec de la viande saine, on ne devra les saisir qu'autant qu'elles seront altérées, corrompues (voir plus loin). Mais l'inspecteur peut être appelé à reconnaître et à prévenir la fraude, quand les charcutiers vendent, comme ayant été faites avec de la viande de porc, des préparations confectionnées avec de la viande de cheval, de taureau etc., ou dans lesquelles entrent pour une forte proportion le cheval, le taureau, etc.; il peut être consulté par les acheteurs, qui ont été trompés, ou par le magistrat. Sa mission sera parfois délicate; néanmoins, ainsi que nous l'avons dit déjà précédemment, il pourra quelquefois se prononcer en connaissance de cause, s'il a le soin de bien analyser les caractères de la préparation suspecte. Il devra en pareil cas constater les caractères physiques, que lui décèleront l'examen direct et l'examen après incision; il devra recourir à la cuisson, à l'effet de constater les modifications qu'elle détermine, l'odeur, la saveur, les caractères du bouillon, etc.; il pourra employer, comme réactif, l'acide sulfurique, en le faisant agir sur les portions les plus suspectes après les avoir placées dans un verre à réaction. Dans toutes ces recherches il aura soin de prendre des termes de comparaison, d'examiner comparativement des préparations dont la composition lui sera connue. Celles, dans lesquelles entre pour une forte proportion la viande de cheval ou de taureau âgé, sont plus foncées, noirâtres ou brunâtres ; leur odeur est moins agréable ; elles se cuisent moins vite et moins bien, restent brunâtres et coriaces, et dégagent alors une odeur plus fade; leur saveur est également plus fade. Avec l'acide sulfurique elles donnent un magma sirupeux, foncé, brunâtre, tandis que celui qu'on obtient avec la viande de porc est beaucoup moins foncé et presque d'un gris sale. Quand il s'agit de préparations déjà anciennes et désséchées, la coloration foncée est encore plus manifeste, et tranche généralement avec celle de la viande de porc. Les termes de comparaison, dont se servira l'inspecteur, devront être autant que possible de même âge et faits dans les mêmes conditions que la préparation, dont il s'agira de déterminer la nature.

Vérifier l'état de conservation des divers produits de la charcuterie, s'assurer s'ils ne sont pas altérés, corrompus, avariés, s'ils ne sont pas nuisibles à la santé de l'homme, doit être la principale préoccupation de l'inspecteur, qui aura le soin de tout examiner, et qui incisera ou sondera les préparations suspectes à l'œil, à l'odorat ou au toucher. La salaison et la fumaison, si fréquemment employées pour conserver les viandes et les préparations de la charcuterie, ne les mettent pas à l'abri de toutes les altérations; l'insuffisance de sel, la saumure tournée, corrompue, etc., occasionnent des modifications qui rendent la viande repoussante et dangereuse. Les préparations mal salées, mal fumées, incomplètement salées, incomplètement fumées, se reconnaissent facilement. Elles peuvent avoir parfois bon aspect superficiellement ; mais elles (jambons, épaules, morceaux de lard, saucissons, etc.) sont molles au toucher, la pression du doigt produit aisément une empreinte qui reste ; leur coupe est humide, violacée ou rouge-feu, elle devient violacée ou verdâtre à l'air ; elles dégagent une odeur forte, spéciale, qui n'est pas celle de la putréfaction, mais qui est particuliérement désagréable, et qu'on appelle *odeur de piqué* ou *d'échauffé*. On peut soupçonner l'altération dont il s'agit au peu de résistance que les pièces offrent à la pression du doigt ; en tous cas on s'en assure en pratiquant une incision ou mieux en se servant d'une sonde en os ou en ivoire, qu'on introduit dans les jambons, morceaux de lard, etc. Par l'emploi de la sonde on respecte la forme de la pièce à examiner et on obtient un aussi bon résultat, car l'odeur de *piqué*, d'*échauffé*, s'exhale du trou ainsi pratiqué et adhère en quelque sorte à l'instrument, qu'il suffit d'approcher du nez pour la percevoir. Les viandes ou préparations salées avec une saumure tournée, corrompue, ne se conservent pas ; elles s'altèrent, elles éprouvent la décomposition putride ; elles dégagent une odeur fétide ; elles restent molles ; elles sont grisâtres, couleur lie de vin, verdâtres, etc. Qu'il s'agisse de préparations insuffisamment salées (ou fumées), piquées, échauffées, ou qu'il s'agisse de pièces tournées, corrompues, salées avec une saumure altérée, la saisie est de rigueur, ces deux altérations rendant la viande repoussante, dangereuse, et lui communiquant une odeur et un goût désagréable, que la cuisson ne lui enlève pas.

Les préparations de charcuterie, même celles qui ont été bien salées, peuvent aussi éprouver des altérations, quand elles sont conservées trop longtemps ou quand elles sont placées dans des locaux humides ; elles peuvent se couvrir d'un vernis gras, noirâtre ou grisâtre, de moisissures, d'acares, d'insectes ; elles peuvent rancir plus ou moins profondément. Ces deux altérations sont moins graves que les précédentes, en ce sens qu'elles n'envahissent souvent que les parties superficielles, et elles ne peuvent motiver la saisie qu'autant qu'elles ont envahi, non seulement les parties superficielles, mais aussi les parties profondes. Le *rance*, qui résulte de la formation d'acides au contact de l'air, et qui se caractérise par une coloration jaune et une odeur forte, apparaît sur toutes les préparations, qui contiennent du gras (lard, jambons, saucissons, etc.) ; ordinairement il est superficiel ; mais quelquefois il s'étend au centre (saucissons, etc.), et transforme complètement la préparation qu'il attaque ; c'est alors qu'il faut saisir. Dans les autres cas, de même que quand il s'agit de moisissures, d'acares, d'insectes situés superficiellement, la saisie n'est pas indiquée, c'est tout au plus si on peut éliminer les parties qui sont fortement endommagées. — Il faut enfin ranger avec les altérations précédentes, celles qui dérivent de la fermentation putride naturelle, celles qui proviennent d'une fabrication défectueuse, avec des viandes avariées, altérées, etc. ; l'odeur désagréable et le mauvais aspect mettront l'inspecteur en garde.

Les lards, les jambons, les épaules, les divers morceaux peuvent présenter l'une ou l'autre des altérations sus-indiquées, qu'on reconnaîtra aux caractères déjà signalés. Quand ils sont dans un bon état de conservation, ils sont fermes au toucher, ils offrent une coloration rosée franche sur la coupe du muscle, la graisse est d'un blanc franc, l'odeur est agréable. Les saucissons et autres préparations analogues doivent être fermes au toucher, secs, denses ; ils doivent ne pas fuir sous l'instrument tranchant, se laisser inciser franchement et donner une coupe nette, à coloration franche et vive ; ils doivent présenter une cassure nette et exhaler une odeur agréable, qui rappelle celle des épices ou des assaisonnements employés. Quand ils sont altérés, ils sont mous ; leur couleur est moins vive ; leur odeur est désagréable. Leur altération peut être la conséquence de la vieillesse ; ils sont alors durs, raccornis, rances, légers, et exhalent une odeur forte et désagréable. Les saucissons vieux, et même ceux qui sont confectionnés depuis peu de temps, rancissent plus ou moins vite et plus ou moins profondément, suivant l'époque de l'année pendant laquelle ils ont été confectionnés et suivant le plus ou moins de soin apporté à leur fabrication. Ceux qui ont été fabriqués après l'hiver rancissent plus vite ; il en est de même de ceux qui ont été mal confectionnés, de ceux dans lesquels la viande n'a pas été suffisamment tassée. Une fois que le rance a pris une certaine étendue et est arrivé à un certain degré, la préparation devient désagréable à l'odeur et au goût, la graisse et la chair qui entrent dans sa composition deviennent jaunâtres; pourtant la saisie ne semble devoir être pratiquée que quand l'altération est bien généralisée. Il est alors facile à l'inspecteur de ne pas se tromper et sa décision est absolument légitime ; le saucisson entièrement envahi par le rance exhale une odeur forte, il est léger, bosselé, creusé de petites cavernes, jaunâtre ou jaune grisâtre sur la coupe, friable ; la désorganisation avancée de la graisse et de la chair, qui le composent, explique ces modifications, ainsi que son odeur spéciale, sa légèreté, son changement d'aspect, sa couleur anormale, sa friabilité, etc. Les saucisses peuvent présenter les mêmes altérations que les saucissons ; de plus il n'est pas rare qu'elles exhalent, sans qu'on ait à s'en préoccuper outre mesure, une odeur plus ou moins prononcée d'eau de Javelle qui tient au mode de fabrication. Les cervelas, les autres préparations formées de viandes mélangées telles que le fromage d'Italie, la tête roulée, la galantine, etc., devront, comme le saucisson et la saucisse altérés (piqués, corrompus), être saisis toutes les fois qu'ils seront fétides, altérés, fabriqués avec des viandes avariées, etc. Il en sera de même des boudins, andouillettes, viandes cuites, qui exhalent une mauvaise odeur.

II. — Inspection de la Volaille.

Les oiseaux de basse-cour peuvent être atteints de certaines maladies graves, qui doivent les faire exclure de la consommation, ce sont surtout : la diphtérie, le choléra, la tuberculose, l'empoisonnement par le seigle ergoté ou par d'autres substances et les autres affections telles que le charbon, la rage, etc., qu'ils ne contractent qu'exceptionnellement. — Les cadavres des oiseaux morts de diphtérie seront reconnaissables à la présence de fausses membranes et à l'existence de nodules pseudo-membraneux; des traces d'écoulement morbide et des débris de fausses membranes peuvent exister encore à l'entrée des ouvertures naturelles ; des fausses membranes ou sortes d'amas ou concrétions pultacées existent sur les muqueuses buccale, nasale, pharyngienne, laryngienne, trachéale, bronchique, intestinale, etc. ; des nodules jaunâtres se montrent dans l'épaisseur de la peau, dans le tissu sous-cutané, dans les muscles, etc. ; les paupières peuvent êtres gonflées, la conjonctive est quelquefois recouverte d'une exsudation fibrineuse, et la cornée est devenue trouble, épaisse, blanchâtre. La diphtérie des oiseaux est une maladie contagieuse, vraisemblablement transmissible à l'homme; aussi ne saurait-on élever aucune objection contre la saisie des cadavres qui en présentent les lésions. — Quand il s'agira de cadavres d'animaux morts du choléra, l'inspecteur sera mis en défiance par certains signes extérieurs, tels que la coloration violacée de la crête, la teinte bleuâtre, violacée, de la peau, des taches verdâtres sous le ventre, l'odeur fétide et la souillure des ouvertures naturelles par des matières morbides. Il constatera ensuite aisément les autres lésions que la maladie laisse après elle, telles que l'hypérémie des organes et l'état catarrhal des muqueuses, surtout de la muqueuse digestive, etc. ; enfin l'examen microscopique du sang lui fera apercevoir le microbe, qui a déterminé la maladie, et qu'il verra sous forme de très petit huit de chiffre entre les globules sanguins. — L'existence de la tuberculose sera plus difficilement soupçonnée, car les lésions siègent principalement dans la cavité abdominale ; néanmoins, en cas de maigreur très accusée, l'inspecteur, ainsi mis en éveil, pourra ouvrir le cadavre et vérifier l'état des viscères, pour le saisir ensuite s'il constate des lésions de phtisie. — On soupçonnera l'empoisonnement par le seigle ergoté à l'existence de taches noirâtres ou bleuâtres sur la peau, à la gangrène de la crête, etc.; quant aux empoisonnements par le phosphore, on les reconnaîtra à la décoloration de la crête, aux vapeurs blanches alliacées, qui se dégagent des voies digestives, quand on les ouvre, à l'inflammation du tube digestif, etc. ; dans tous ces cas la saisie est de rigueur. Il en est de même quand il s'agit de cadavres d'oiseaux, qui ont souffert, qui sont morts de maladie, qui sont dans un état de maigreur extrême, dont les chairs sont lavées, décolorées, molles, comme macérées, etc.

Indépendamment des signes ci-dessus indiqués et propres à faire reconnaître ou à faire soupçonner l'existence de telle ou telle maladie, il faut tenir compte des avaries, qui peuvent se produire même sur des cadavres d'abord irréprochables au point de vue de la salubrité. La couleur normale de la peau et des muscles varie suivant les espèces et suivant les races ; tantôt c'est une nuance qui se rapproche plus ou moins du blanc ; tantôt c'est une teinte plus ou moins jaunâtre ; tantôt enfin c'est une coloration plus ou moins foncée, rouge ou brunâtre ou même noirâtre. Ainsi la pintade donne une chair plus foncée que la poule; ainsi le pigeon fournit une chair brune; ainsi certaines poules offrent une teinte très jaune, etc. L'avarie, qui modifie la teinte, l'odeur et la fermeté des chairs, est favorisée et accélérée par des causes nombreuses : par le jeune âge des oiseaux, par l'occision sans effusion de sang, par le séjour des viscères dans les cavités, par l'état avancé de graisse, par l'état maladif, par les manipulations réitérées, par l'emballage défectueux, par la date de la mort, par les conditions ambiantes telles que l'électricité, l'humidité, la chaleur, les émanations, etc., etc. Les volailles avariées deviennent molles et verdâtres au croupion, au cou, au ventre, partout ; elles exhalent une odeur désagréable de putréfaction ; elles sont repoussantes et malfaisantes, elles doivent être saisies. Cependant si l'avarie est peu avancée, si les chairs sont encore fermes, quand l'odeur désagréable et la teinte anormale sont localisées à la région de la saignée et au croupion, les cadavres peuvent être consommés, si on a le soin de les soumettre sans retard à la cuisson.

III. — Inspection du gibier.

L'inspection du gibier est forcément limitée à la détermination du degré d'avarie, qui doit le faire exclure de la consommation ; l'habitude, qu'on a de manger certains gibiers après qu'ils ont eu le temps de devenir plus ou moins faisandés, impose une certaine réserve à l'inspecteur, qui doit se montrer tolérant et ne saisir qu'autant qu'il y a corruption suffisante. Cependant, si le rôle de l'inspecteur sanitaire doit se borner à la détermination du degré d'avarie, il est des cas où il peut être appelé à se prononcer sur certaines fraudes, à déterminer certaines substitutions, surtout la substitution du chat au lapin ou au lièvre.

Le faisandage arrivé à un certain degré s'annonce par tous les signes d'une putréfaction déjà avancée : le cadavre exhale une odeur fétide ; les chairs sont molles ; la peau est verdâtre, livide, humide ; les poils ou les plumes s'arrachent et entraînent avec eux des lambeaux de tégument ; le tissu conjonctif est distendu par des gaz fétides, etc. Dans cet état, le gibier est dangereux pour la santé du consommateur, comme toutes les viandes putréfiées. Quand l'altération est moins avancée, quand le gibier est seulement mortifié, ou quand il n'a éprouvé qu'un commencement de faisandage, quand l'odeur et la teinte anormales sont localisées au ventre ou aux parties lésées, quand en un mot la fermentation est à son début, l'utilisation doit être tolérée. Parfois le gibier et surtout le gibier forcé a une odeur urineuse, la chair molle etc. ; il est alors désagréable au goût et peut être malfaisant dans une certaine mesure, mais cette altération échappera forcément dans bien des cas à l'inspecteur.

Lorsqu'un restaurateur sert un civet de chat, qu'il donne pour du lapin ou du lièvre, il commet une fraude, bien que la viande du chat soit nutritive et bonne ; et cette fraude est facile à déceler grâce aux caractères tirés des os et de la viande elle-même, qui diffèrent suivant qu'ils viennent d'un chat ou d'un lièvre. Si la viande du chat peut être confondue avec celle du lapin, il n'en saurait guère être de même avec celle du lièvre, car, malgré tous les apprêts, elle reste toujours moins foncée ; mais c'est surtout par les caractères tirés des os qu'on arrive à bien établir la distinction et partant la fraude. Le scapulum du chat est arrondi, celui du lapin est triangulaire; le premier a le col court et fort, l'épine acromienne y est au milieu de la face externe; le second a le col grêle, long et étranglé, l'épine y est plus rapprochée du bord antérieur. L'humérus du chat a une gorge ou trochlée à sa surface articulaire inférieure et un condyle situé en dehors ; tandis que celui du lapin, qui offre à la même surface une large trochlée, a de chaque côté un petit condyle; enfin c'est à l'existence d'un trou formant arcade vasculaire qu'on établira sûrement la différence, ce trou existe chez le chat au côté interne de l'extrémité inférieure de l'humérus, et il n'existe pas chez le lapin. Chez le chat le radius et le cubitus sont presque droits et non soudés, tandis qu'ils sont incurvés et moins volumineux chez le lapin. Le fémur du chat est droit et court, il est long et incurvé chez le lapin ; le trochanter chez le lapin est plus saillant que chez le chat, et en dessous se trouve une tubérosité qui manque chez le chat. Le tibia et le péroné du lapin sont soudés, tandis qu'ils sont libres chez le chat. Le lapin a douze côtes, le chat en a treize; celles du lapin sont plus plates. A ces quelques caractères tirés des os, on peut joindre celui qui résulte de la coloration du muscle ; le lapin domestique a la chair blanche ; le lapin sauvage l'a plus foncée; le lièvre a la chair foncée, noirâtre, son goût et son fumet sont très accusés ; le chat a la chair rouge, sans fumet analogue à celui du lièvre.

IV. — Inspection du poisson.

Le poisson doit être frais, et l'on reconnaît sa conservation aux caractères suivants : à la fermeté de la chair, à l'aspect brillant, fin et lustré de la peau, des écailles, qui ne se détachent pas facilement, à la coloration rose-vermeil et à l'humidité des ouïes, à la transparence et à la vivacité des yeux, à l'odeur spéciale qu'il dégage. Quand il est avarié, altéré, décomposé, il doit être saisi non-seulement parce qu'il est repoussant, mais surtout parce qu'il est dangereux pour la santé du consommateur. Dans cet état de décomposition plus ou moins avancée, ses caractères se modifient profondément, son aspect extérieur devient terne, la peau se crispe, les écailles sont visqueuses et se détachent facilement, la chair devient molle, les yeux sont ternes et creux, les ouïes sont sèches et grisâtres, sombres, blafardes, l'odeur devient nauséabonde.

Appendice.

Dans le commerce de la boucherie, de la charcuterie, de la volaille, du gibier et du poisson, les maires peuvent, par des arrêtés, prohiber la vente et la mise en vente de tout ce qui, bien que non altéré ou corrompu, est réputé dangereux ou nuisible à la santé des consommateurs, et la sanction de cette prohibition est celle de l'article 471 du code pénal. Mais la loi de 1851 édictant une sanction bien plus rigoureuse contre ceux qui vendent des denrées alimentaires fraudées, altérées, corrompues, il convient de rechercher dans quels cas elle devra recevoir son application, dans quels cas les bouchers, charcutiers, marchands de salaison, de volaille, de poisson, pourront être poursuivis correctionnellement.

LOI TENDANT A LA RÉPRESSION PLUS EFFICACE DE CERTAINES FRAUDES DANS LA VENTE DES MARCHANDISES. (27 mars 1851).

ART. 1er. — Seront punis des peines portées par l'article 423 du Code pénal : — 1° *Ceux qui falsifieront des substances ou denrées alimentaires* ou médicamenteuses *destinées à être vendues*; — 2° *Ceux qui vendront ou mettront en vente des substances ou denrées alimentaires* ou médicamenteuses *qu'ils sauront être falsifiées ou corrompues*; — 3° Ceux qui auront trompé ou tenté de tromper, sur la quantité des choses livrées, les personnes auxquelles ils vendent ou achètent, soit par l'usage de faux poids ou de fausses mesures, ou d'instruments inexacts servant au pesage ou mesurage, soit par des manœuvres ou procédés tendant à fausser l'opération du pesage ou mesurage, ou à augmenter frauduleusement le poids ou le volume de la marchandise, même avant cette opération ; soit, enfin, par des indications frauduleuses tendant à faire croire à un pesage ou mesurage antérieur et exact.

Art. 2. — Si, dans les cas prévus par l'article 423 du Code pénal ou par l'article 1er de la présente loi, il s'agit d'une marchandise contenant des mixtions nuisibles à la santé, l'amende sera de 50 à 500 francs, à moins que le quart des restitutions et dommages-intérêts n'excède cette dernière somme ; l'emprisonnement sera de trois mois à deux ans. — Le présent article sera applicable même au cas où la falsification nuisible serait connue de l'acheteur ou consommateur.

Art. 3. — Sont punis d'une amende de 16 fr. à 25 fr., et d'un emprisonnement de six à dix jours, ou de l'une de ces deux peines seulement, suivant les circonstances, ceux qui, sans motifs légitimes, auront dans leurs magasins, boutiques, ateliers ou maisons de commerce, ou dans les halles, foires ou marchés soit des poids ou mesures faux, ou autres appareils inexacts servant au pesage ou au mesurage soit des *substances alimentaires* ou médicamenteuses *qu'ils sauront être falsifiées* ou *corrompues. — Si la substance falsifiée est nuisible à la santé, l'amende pourra être portée à* 50 *francs et l'emprisonnement à quinze jours.*

Art. 4. — Lorsque le prévenu, convaincu de contravention à la présente loi ou à l'article 423 du Code pénal, aura, dans les cinq années qui ont précédé le délit, été condamné pour infraction à la présente loi ou à l'article 423, la peine pourra être élevée jusqu'au double du maximun ; l'amende prononcée par l'article 423 et par les articles 1 et 2 de la présente loi pourra même être portée jusqu'à 1.000 francs ; si la moitié des restitutions et dommages-intérêts n'excède pas cette somme ; le tout, sans préjudice de l'application, s'il y a lieu, des articles 57 et 58 du Code pénal.

Art. 5. — Les objets dont la vente, usage ou possession constitue le délit, seront confisqués, conformément à l'article 423 et aux articles 477 et 481 du Code pénal. — S'ils sont propres à un usage alimentaire ou médical, le tribunal pourra les mettre à la disposition de l'administration pour être attribués aux établissements de bienfaisance. — S'ils sont impropres à cet usage ou nuisibles, les objets seront détruits ou répandus aux frais du condamné. Le tribunal pourra ordonner que la destruction ou effusion aura lieu devant l'établissement ou le domicile du condamné.

Art. 6. — Le tribunal pourra ordonner l'affiche du jugement dans les lieux qu'il désignera; et son insertion intégrale ou par extrait dans tous les journaux qu'il désignera, le tout aux frais du condamné.

Art. 7. — L'article 463 du Code pénal sera applicable aux délits prévus par la présente loi.

Art. 8. — Les deux tiers du produit des amendes sont attribués aux communes dans lesqnelles les délits auront été constatés.

Art. 9. — Sont abrogés les articles 475, n° 14, et 479, n° 5 du Code pénal.

Deux hypothèses sont prévues par la loi de 1851, celle dans laquelle il y a falsification et celle dans laquelle la marchandise est corrompue. Il reste à savoir ce que législateur a entendu par ces deux termes, et à rechercher les conditions nécessaires pour que le marchand soit passible de la peine qu'il a édictée. La falsification punie par la loi résulte de tout mélange frauduleux détériorant la substance au préjudice de l'acheteur, alors même qu'elle porte moins sur la nature que sur la qualité de cette substance; ainsi, il y a falsification punissable, quand un charcutier vend du saucisson de cheval, pour du saucisson de porc; ainsi il y a tromperie, quand un commerçant vend du cheval pour du bœuf, de la chèvre pour du mouton, du chat pour du lapin, etc.; mais dans tous ces cas la culpabilité pénale n'existe réellement qu'autant que le vendeur a commis lui-même ou tout au moins a connu la falsification; que s'il en était autrement, l'acheteur trompé n'aurait droit qu'à des dommages-intérêts. La simple détention par un individu de substances alimentaires, qu'il sait être falsifiées ou corrompues, suffit d'ailleurs pour constituer le délit prévu par la loi de 1851, alors que la détention de ces substances, n'est point justifiée par des motifs légitimes; et les tribunaux peuvent décider en fait que la détention de marchandises falsifiées ou corrompues dans des magasins, dans un but commercial, constitue une exposition et mise en vente présentant les éléments du délit prévu par la loi de 1851. Quant au sens du mot *corrompues* employé par le législateur, nous l'avons déjà indiqué sommairement dans l'introduction. Les viandes de boucherie, la charcuterie la volaille, le poisson, sont réputés corrompus, gâtés, altérés, lorsque la putréfaction, ou toute autre altération (piqué, échauffé, rance) propre à les rendre insalubres, s'en est emparée. Cependant, ici encore, pour que le délit prévu par la loi de 1851 existe, il faut l'offre certaine à la clientèle, c'est-à-dire l'étalage, la mise en vente de la marchandise corrompue, et de plus il faut que cette offre soit faite par un individu qui connaît, qui sait que la marchandise est corrompue. D'où il suit que les peines de la loi de 1851 ne sont nullement encourues par ceux, qui, envoient dans une ville des viandes, qui, s'étant altérées dans le trajet, sont saisies à leur arrivée; d'où il suit encore que ces pénalités ne sont pas davantage encourues par ceux, qui, étant détenteurs de marchandises corrompues (réserves), ne les ont pas encore étalées dans leurs magasins. D'où il suit enfin, qu'on ne saurait incriminer quiconque soumet à l'inspection sa marchandise suspecte avant de la mettre en vente.

J'ai écrit ce Manuel, qui n'est que la reproduction abrégée de mon cours, pour faciliter l'étude des règles les plus importantes de l'inspection des viandes de boucherie au point de vue de leur salubrité. Je me suis inspiré pour le rédiger des observations que j'ai eu l'occasion de faire aux abattoirs de Lyon, depuis que je suis chargé d'y conduire les élèves de la quatrième année; je me suis également inspiré des travaux publiés antérieurement, tels que : ouvrages spéciaux sur la matière, observations relatées dans les journaux de Médecine vétérinaire, discussions dans les Sociétés et les Congrès, etc.; j'ai surtout beaucoup emprunté aux ouvrages de MM. Baillet de Bordeaux, H. Bouley et Nocard, Villain, Bourrier, Van Hertsen, etc. Mon but a été de faire un livre aussi élémentaire mais aussi complet que possible sur les règles applicables à la vente des animaux de boucherie, sur l'inspection sanitaire des foires et des marchés, sur l'inspection des animaux et des viandes de boucherie au point de vue de leur salubrité.

Lyon, le 31 août 1885.

TABLE DES MATIÈRES

CHAPITRE III

CHAPITRE IV

CHAPITRE V

CHAPITRE VI

www.ingramcontent.com/pod-product-compliance
Ingram Content Group UK Ltd.
Pitfield, Milton Keynes, MK11 3LW, UK
UKHW012024240726
13965UKWH00002B/567

9 782012 922167